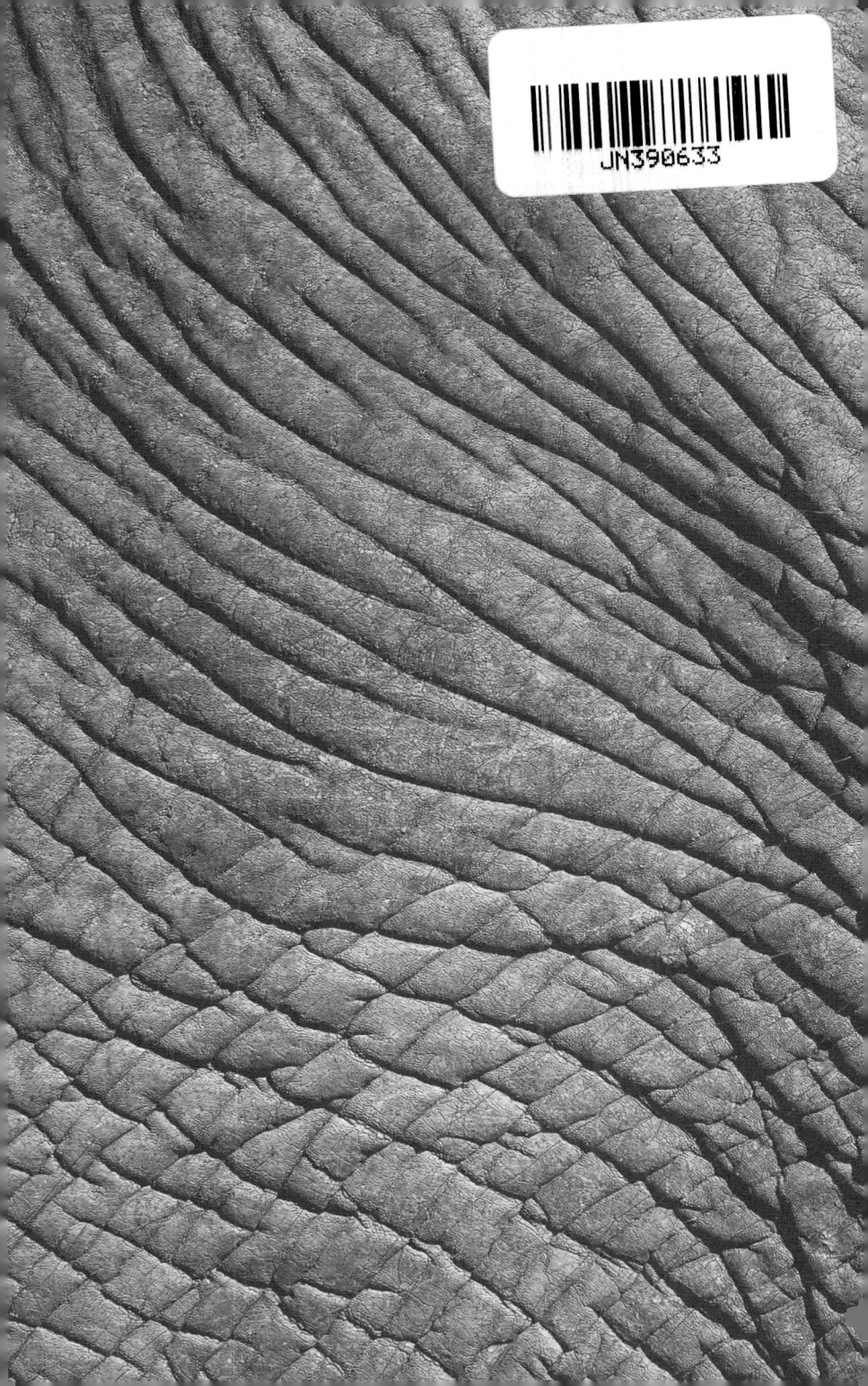

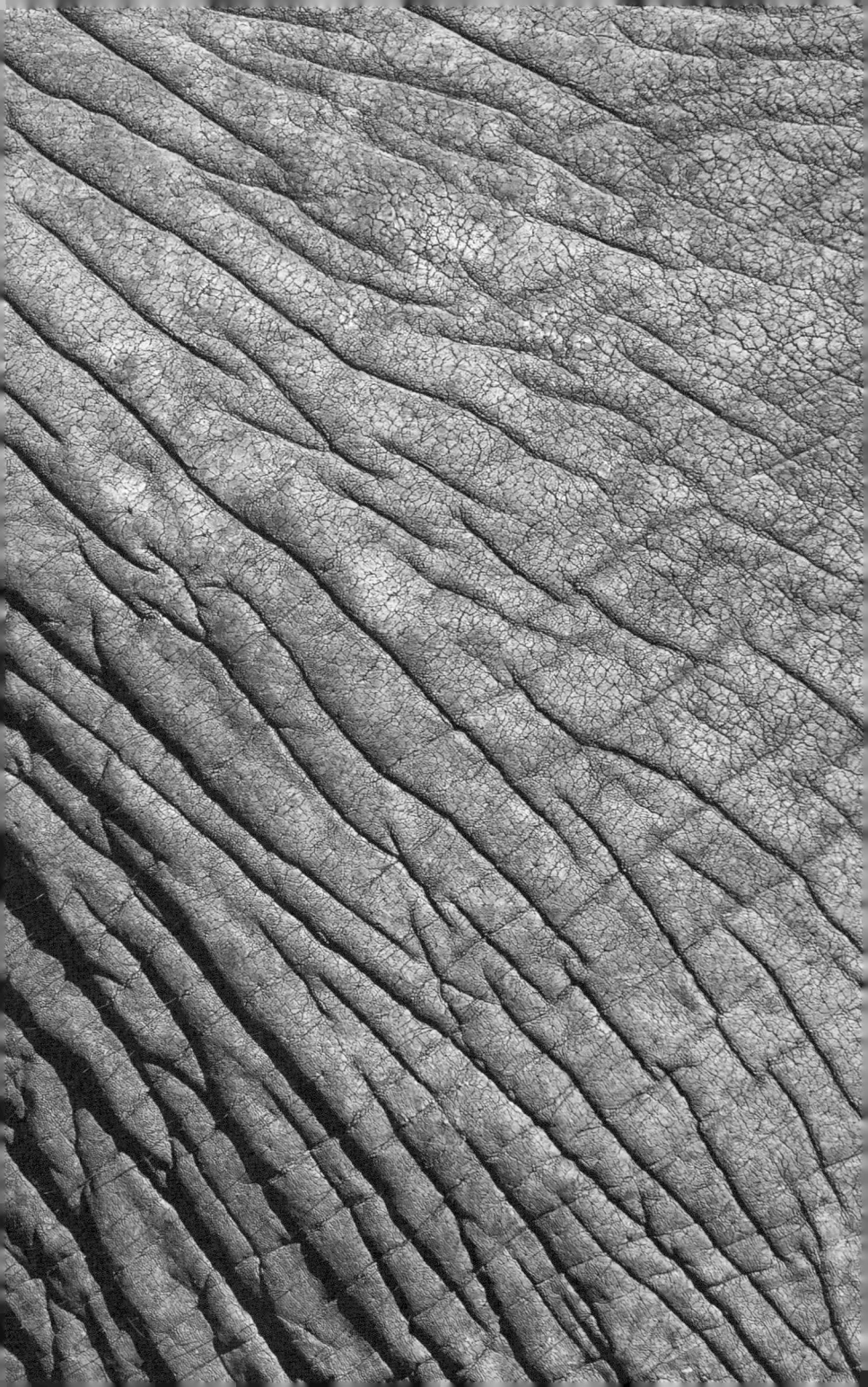

알면 사랑할 수밖에 없는
코끼리의 모든 것

저자 앙겔라 스퇴거
옮긴이 김동언

Elefanten by Angela Stöger
ⓒ Christian Brandstätter Verlag 2023
Korean Translation ⓒ 2025 Sang-Sang-Eui-Him
All rights reserved.
The Korean language edition published by arrangement with
Brandstätter Verlag through MOMO Agency, Seoul.

이 책의 한국어판 저작권은 모모 에이전시를 통해
Brandstätter Verlag사와 독점 계약한 상상의힘에 있습니다.

이 책은 저작권법에 의해 한국 내에서 보호를 받는 저작물이므로
무단전재와 무단복제를 금합니다.

알면 사랑할 수밖에 없는
코끼리의 모든 것
코끼리의 지혜, 언어, 공동체

저자 앙겔라 스퇴거
옮긴이 김동언

두란

차례

1장
코끼리를 만나다   6

2장
코끼리도 감정을 느낀다.   20

3장
사람이 코끼리를 피하는 방법   36

4장
코끼리는 바다소와 어떤 관계인가?   52

5장
코끼리들은 어떻게 의사소통을 할까 1
: 음향학과 지진학   70

6장
코끼리들은 어떻게 의사소통을 할까 2
: 후각적, 화학적, 신체 언어적 소통 – 다중적 모드   94

7장
정말 코끼리는 어떤 것도 잊지 않을까?　　　　　**110**

8장
무리 활동에서 가모장의 역할　　　　　**124**

9장
수컷 코끼리는 정말 그렇게나 위험한가?　　　　　**144**

10장
동물원에 코끼리가 필요한가?　　　　　**164**

11장
함께 살아가는 이웃으로서의 코끼리　　　　　**182**

12장
요약:
멸종 위기의 코끼리와 다시 태어난 매머드　　　　　**204**

감사의 말　216
참고 문헌　218
사진 출처　223
음향 및 동영상 출처　223

1장

코끼리를 만나다

사실 나는 해양 생물학자가 꿈이었다. 처음부터 코끼리와 함께 어울리고, 코끼리에 대한 연구를 하고 싶었던 것은 아니었다는 것이다. 그런데도 2002년 1월에는 크루거 국립공원Kruger-Nationalpark에 가 있었다. 남아프리카공화국으로 간 첫날이었다. 내가 비엔나의 쉰브룬 동물원Tiergarten Schönbrunn에서 아프리카 코끼리들의 의사소통에 관한 학위논문을 쓰겠다고 마음먹은지도 불과 그 몇 달 전이었을 따름이다. 그럼에도 나를 매료시킨 동물에 관해 더 자세히 알고 싶었기에 남아프리카까지 가게 된 것이다. 코끼리를 보겠다고 작정하고 그곳으로 가는 코끼리 팬들로서는 이해하기 어려울 수도 있겠지만, 내가 코끼리를 맞닥뜨린 것도 사실 아주 우연이었다. 여하튼 이 매력적인 동물에 관한 나의 이야기가 실제로 시작된 곳, 남아프리카공화국에서부터 이야기를 시작해 보려고 한다.

    크루거 국립공원은 남아프리카 북동부에 위치한 남아프리카 최대의 야생동물 보호구역이다. 약 2만 제곱킬로미터의 면적으로 아프리카에서 가장 큰 국립공원 중 하나이기도 하다. 오스트리아 남부 전체가 약 1만9천 제곱킬로미터이며, 독일의 헤센주 전체 면적이 약 2만1천 제곱킬로미터인 것을 생각하면 가히 그 넓이를 짐작할 수 있을 것이다. 이 공원은 300킬로미터에 걸쳐 펼쳐져 있으며, 확 트인 사바나 풍경에서부터 울창한 혼합림과 가시나무 숲에 이르기까지 거대하고 다양한 지리적 특성과 식생을 간직하고 있다. 특히 북쪽 지역은 풍부한 강우량 때문에 초목이 한층 무성하다. 몇 개의 강이 공원을 가로지르고 있으며, 거대한 협곡과 절개지가 놀라운 풍광을 자아내며, 여러 갈래로 흐르는 물길이 훌륭한 자연 수로를 형성하고 있어 야생동물의 생태를 살피기에 이보다 더 적합한 곳은 없을 것이다.

젊은 생물학도로서 나는 전율을 느꼈다. 그때까지 다큐멘터리 영화나 책을 통해서 이런 풍경, 초목, 그리고 야생동물의 생태를 보았을 뿐이기 때문이었다. 정말 엄청나게 기뻤다. 의식적으로 심호흡을 계속했으며, 사방에서 들려오는 낯선 소리에 귀를 기울였다. 행복했다. 이것이야말로 생물학자로서 내가 상상해 왔던 삶 그 자체였다. 자신들의 서식지에서 살아가고 있는 동물들을 관찰하고 탐구하는 삶.

크루거 국립공원의 생물종 다양성은 정말 놀라웠다. 수많은 영양, 얼룩말과 함께 헤아릴 수 없이 많은 코뿔새, 물총새, 마라부황새, 분홍가슴파랑새를 보았다. 아마 그 국립공원에서 볼 수 있는 가장 아름답고 화려한 새들일 것이다. 심지어 그날 하마와 코뿔소를 보기까지 했다. 그러나 코끼리는 없었다. 나는 이 첫 번째 날 아프리카 코끼리를 보는 것이 목적이었기에 조바심이 났고 걱정이 되기 시작했다. 해는 이미 기울어 가고 있었고, 모든 것이 아름다운 석양으로 물들고 있었다. 내가 차를 몰고 간 지역은 덤불버

드나무와 아카시나무가 울창한 모파네 숲이었다. 그 사이로 난 모랫길에는 군데군데 거대한 바오밥나무들이, 원숭이빵나무들이 들어서 있었다. 갑자기 나는 의심이 들었다. 어쩌면 코끼리를 찾기가 어려운 일은 아닐까. 이렇게 울창하게 나무들이 웃자란 지역에서 코끼리를 볼 수 있기나 할까.

그런데 그때, 내가 타고 있던 차 옆 덤불 가지들이 쓰러지며 갈라졌다. 거대한 엄니가 있는 엄청나게 큰 머리가 쑥 나타났다. 나는 꼼짝할 수도 없었다. 이 수컷 코끼리는 거대했고 거의 검은색이었다. 해가 그의 뒤에서 지고 있었기 때문이었다. 그리고 길 옆에 바싹 붙어 나타났기에 한층 인상적이었다. 너무나 놀라운 광경이었다. 너무나 아름다운 동물이었다! 지금도 나는 내 앞에 나타난 수컷 코끼리의 그 이미지를 떠올릴 수 있다. 덤불숲에서 불쑥 나타나 나를 짧게 바라보고는 얼마간 차 앞에 멈춰 서 있더니, 길을 가로질러 건너편 숲으로 사라지는 모습이었다. 놀라움을 금치 못하고 있는 젊은 생물학자를 뒤에 남겨 두고.

나는 이 수컷 코끼리의 사진을 찍지는 못했다. 경외심과 두려움에 얼어붙어 버렸기 때문이다. 차창 옆을 지나가는 엄청나게 거대한 다리들을 보았을 때 나는 숨이 멎는 줄 알았다. 지금은 매 순간 이와 같은 경외와 흥분을 경험하고 있지만, 그때에는 이와 비슷한 상황이 내 인생에서 도대체 몇 번이나 있을까 상상할 수도 없었다. 그리고 그 순간이야말로 이 동물의 행동과 의사소통 방식을 탐구하기 위해 할 수 있는 모든 일을 다 해야겠다고 결심한 순간이기도 했다. 나는 지금도 그 야생 코끼리가 다가왔을 때 느꼈던 긴장감, 그리고 코끼리와 내가 함께 연결되어 있다는 복합적인 감

남아프리카공화국, 크루거 국립공원에서 내가 처음 본 코기리들 : 위 사진의 어린 암컷은 위협적으로 머리를 들고 있고, 아래 사진의 수컷은 이미 충분히 자란 성체다.

남아프리카의 아도 코끼리 국립공원에서 마주친 수컷 코끼리. 뒤쪽으로 물웅덩이에서 새끼들과 함께 모여 있는 작은 무리가 보인다.

정을 사랑한다.

우연한 기회, 코끼리와 나

어렸을 때는 물론이고 나중에 생물학을 전공하는 학생이 되어서도 나는 코끼리를 연구하겠다는 생각을 해본 적이 없었다. 사실 내겐 다른 계획이 있었다. 해양 생물학자가 되어 돌고래와 고래의 의사소통을 연구하는 것이었다. 그래서 꿈을 이룰 수 있도록 가능한 한 빨리 학위논문을 쓰고 연구를 완성하고 싶었다. 이를 위해 적합한 주제를 모색하고 있었다. 그러다 우연한 기회에 동물학과 복도 게시판에 걸린 공고문을 읽었다. 생물 음향학이 전공인 크라토치빌Kratochvil 교수님이 쉰브룬 동물원에 있는 코끼리들의 의사소통을 주제로 동물의 소리에 관한 연구를 발표한다는 소식이었다. 나는 동물의 소리를 연구하는 생물 음향학과 동물들 사이의 의사소통이란 주제에 흥미가 있었다. 게다가 지역의 이러저러한 일을 알려주곤 했던 어머니가 몇 주만 있으면 쉰브룬 동물원에서 새끼 코끼리가 태어날 것이라 한 이야기도 인상적이었다. 이러한 일들이 마침내 내가 이 일을 직업으로 삼게 된 주된 계기였다. 지금 와서 생각하면 코끼리들의 매력에 흠뻑 빠져 버리기까지 그리 오랜 시간이 걸리지 않았다는 것이 어쩌면 당연한 일이었다.

아부Abu는 2001년 4월 25일에 태어났고, 유럽에서 인공수정으로 태어난 첫 번째 새끼 코끼리였다. 아부는 동물원 관객들의 마음뿐만 아니라 내 마음도 사로잡았다. 아부는 두드러지게 활동적이고, 밝고, 자신감이 넘치는 새끼 코끼리였다. 그의 음향 발달은 석사 논문에서 아주 자세하게 다루었다. 나는 문헌을 통해, 경험 많은 코끼리 사육사로부터, 또 나 자신의 관찰로부터 많은 것을 알게 되었다. 나는 왜 그렇게 많은 사람들이 코끼리에 열광하는지 그 이유를 이해하기 시작했다. 생물학자로서, 그리고 생물 음향학을 전공하는 사람으로서 나는 아부와 그의 어미인 사비Sabi, 그리고 다른 비엔나 코끼리들이 서로 소통하는 방식과 그들의 복잡한 '언어'에 매료되었다. 나는 박사논문의 일부로 아프리카 사바나 코끼리 무리의 의사소통 체계를 연구하고 싶었다. 남아프리카공화국과 같은 나라에서, 자연스러운 서식 환경에서 코끼리들이 서로 나누는 소통의 체계를 연구하고 싶었다.

    20년이 지난 지금, 나는 연구 경력의 대부분을 아프리카 사바나 코끼리와 아시아 코끼리의 행동과 의사소통에 관해 연구해 왔다. 사람들이 내게 물어오는 질문은 대체로 세 가지다. 코끼리를 떠올리면 어떤 특징이 생각나는가? 코끼리가 당신을 매료시킨 이유는 무엇인가? 코끼리와 사람의 공통점은 무엇인가? 등이다. 이런 질문을 받고 가장 먼저 떠오르는 코끼리의 특징은 장엄하고, 강력하고, 온화하고, 영리하며, 소통에 능하고, 사회적인 동물이라는 사실이다. 지배적인데 내성적이며, 호기심이 많기도 하고 겁도 많고, 유연하면서도 정해진 방식을 좋아하고, 조심스러운데 위험하고, 사랑스럽고 인내심이 많지만 때로는 조금 교활하기도 하다는 것이 전형적인 코끼리의 특성이다. 서로 모순적이지 않느냐고 생각할지 모르겠지만 얼핏 보면 그렇게 보이기도 할 것이다.

    하지만 코끼리를 생각할 때 나는 일반적인 특징만을 생각하지 않는다. 나는 버블스Bubbles, 치키 찹스Cheeky Chops, 발리모사Valimosa, 작은 왼쪽 엄니Little Left Tusk와 아부와 사비, 칼리메로Calimero

와 코식이Koshik, 오랜 세월 동안 만났던 수많은 코끼리를 생각한다. 저마다 성격과 특징이 다르고, 고유한 특성과 재능을 가진 개별적인 코끼리들을 생각하는 것이다. 내게 이 동물들이 특별하고 매력적으로 다가오는 것은 바로 그들이 지닌 다재다능함과 유연함 때문이다. 이들은 상황에 맞게—그들의 아주 다른 성격에 따라—행동을 조절하는 능력을 갖추고 있기 때문이다. 그렇게 하려면 코끼리들은 인지적으로 유연해야 한다. 이는 곧 이들의 두뇌가 생각을 통제할 수 있음을 의미한다. 기억하고, 분석하고, 계획을 짜고, 자신들이 직면한 외부 환경에 적합한 전략을 세울 수 있다는 것이다.

인간과 코끼리: 놀라울 정도로 행동이 유사한……

그렇다. 여러 가지 면에서 인간과 코끼리는 놀라울 정도로 비슷하다. 코끼리들은 뛰어난 기억력을 가지고 있으며, 아주 긴 '유년 시절' 혹은 실제 십 대의 시기와 그 시기에 일어나는 온갖 일들을 경험하는 청소년기를 보낸다. 평균 수명은 활발한 생식 시기를 넘어서까지 이어진다. 코끼리들은 사회적 학습 능력이 뛰어나며, 획득한 경험과 지식을 다음 세대에 전달한다. 그들은 자신에 대한 자의식을 지니고 있으며, 시기적으로 공간적으로 다양한 사회 집단을 구성하면서 고도로 복합적인 사회 체계를 갖추고 있다. 그러기 위해 그들은 사회적 지능이 필요하고, 또 다양한 같은 종들과 상호작용하고 소통한다. 그들이 항상 필요로 하는 것은 바람직한 사회적 기억이다.

게다가 코끼리는 아주 감정적인 존재이고, 고도로 발달한 해마를 가지고 있다. 해마는 대뇌 깊숙이 존재하는 구조이고,

측두엽의 영역에 있으며, 감각 기관 가운데 기억과 정보 처리에 필수적인 기능을 수행한다. 그리고 해마는 감정과 공간 지각을 담당하며, 경험과 장소의 잠정적인 분류를 조정하기도 한다. 코끼리들은 인간의 외상 후 스트레스 장애와 다를 바 없는 심리적 퇴행을 겪는다는 것이 입증되기도 했다. 코끼리는 죽은 동료를 애도하며, 사람과의 유대를 쌓아 나갈 수도 있다. 사람과 코끼리는 저마다 오랜 역사가 있을 뿐만 아니라 둘 사이의 특별한 관계와 감정적 연결 역시 오늘날 빈번하게 보고되고 있다.

······그럼에도 충격적일 정도로 외양이 다른

감정을 느끼는 방식이 유사하지만, 코끼리는 우리 인간과 아주 다르기도 하다. 그들의 몸통과 커다란 귀를 차치하더라도 코끼리의 가장 인상적인 특징은 엄니다. 코끼리들은 우리와 완전히 다른 감각 세계를 살아가고 있으며, 우리의 지각 범위를 훌쩍 뛰어넘어 인간이 들을 수 없는 소리와 진동을 감지하고 표출할 수 있다. 그들은 포유류 가운데 가장 뛰어난 후각을 가지고 있으며, 따라서 우리가 상상할 수 없는 우주에서 살고 있다. 그들은 냄새와 페로몬으로 가득 찬 세계를 집으로 삼고 살아간다. 그곳에서 그들은 자리 잡고, 먹이와 물을 찾고, 위험을 피하고, 의사소통을 하고, 짝짓기 상대를 찾고 선택하며, 같은 종들이 어떻게 지내고 있는지를 인식한다. 인간과 비슷한 기대 수명이나 사회적 상황과 나란히 신체적 차이가 결합함으로써 한편으로 코끼리들은 우리를 매혹시키기도 하고, 다른 한편으로는 다양한 연구 분야에서 고도로 적합한 연구 대상이 되기도 한다.

2001년 남아프리카공화국을 처음으로 방문했을 때 관리인고- 함께(오른쪽 사진), 크루거 국립공원에서 만난 몸체가 크고 지배적인 수컷 코끼리.(왼쪽 사진)

　　　　이들 연구 프로젝트 중 어떤 것은 독자들을 놀라게 할 수도 있다. 예컨대 코끼리의 몸통은 관절 없는 로봇 팔다리의 모델 역할을 한다. 암 연구에서도 아주 중요한 역할을 한다. 왜냐하면 코끼리는 오랜 기대 수명에도 불구하고 거의 암에 걸리지 않는다. 과학자들은 암의 억제에 중요한 역할을 하는 특별한 유전자가 코끼리에게 있다는 사실을 발견하기도 했다. 코끼리를 통해 과학자들은 암으로부터 우리 인간을 지켜낼 수 있는 더 나은 방법을 찾고 있다.

　　　　물론 이 연구들 대부분은 살아 있는 생명체로서 코끼리의 생물학적, 생태적 특성, 짝짓기에서 죽음에 이르기까지의 행동 특성 등 코끼리에 대한 더 나은 이해를 지향하고 있다. 이는 서식지에서 동물의 생존을 보장하고, 인간의 보살핌 아래 그들의 욕구에 반응하기 위해, 또 그들의 생활 조건을 지속적으로 개선해 가기 위해 중요한 연구들이다. 코끼리들은 인지적 연구에서도 흥미로운 사례를 제공한다. 과학자들은 인간과 동물의 지각, 사고와 의사 결정에서 정보를 처리하는 과정을 탐색하기도 한다. 이런 연구의 경우 비교 연구가 특히 가치 있는 접근법이다. 인간과 비교하여 코끼리는 어떻게 외부 환경을 지각하는가? 어떻게 그들은 생각하고, 어떻게 의사결정을 하는가?

우리 인간들은 동물과 우리 사이에 인위적인 경계선 긋기를 좋아한다. 그러나 그동안의 연구는 결론적으로 우리가 그다지 특별하지 않다는 사실을 점차 입증하고 있다.

모든 동물의 지적인 두뇌가 우리처럼 작동하는 것은 아닐 것이다. 그리고 모든 지적인 동물이 우리처럼 생각하고 행동해야만 하는 것도 아니다. 두뇌가 연결되는 방식, 도전이 습득되는 방식은 유독 한 가지만 있는 것은 아니기 때문이다. 비록 도전이나 선택의 압력이 진화의 과정과 흡사할지라도 말이다. 이것이 바로 비교 인지 연구의 접근법이 흥미로운 까닭이다. 다른 동물종과 비교해서 어떠한 특징과 능력을 비슷하게 발전시켜 왔는가? 그리고 달리 발전한 것은 무엇인가? 그 이유는 무엇인가? 등등. 개인적으로 나는 코끼리가 어떻게 사고하고 소통하는가, 그리고 복잡한 사회 체계 속에서 얼마나 정확하게 행동하고, 얼마나 유연하게 방향을 잡아가는지에 특히 관심이 많다. 사실 '코끼리'란 단일 종 같은 것은 존재하지 않는다. 이 책의 과정에서 여러분들은 다음과 같은 것들을 배우게 될 것이다. 오늘날 자연 속에서 살아 있는 세 종류의 코끼리들은 공통점이 아주 많지만 서식지가 다를 뿐만 아니라, 종 자체도 해부학에서부터 행동 양식에 이르기까지 서로 확연하게 다르다. 그 차이는 경험의 차이로 형성된 것이며, 심지어는 전혀 다른 특정 행동들을 물려받기도 했다. 이런 맥락이라면 다시금 새로운 질문이 생겨난다. 왜 코끼리들은 서로 다른 문화를 발전시켰을까?

생물종 다양성의 관리자인 코끼리

각각의 종들과 개별적인 동물이 저마다 다르기에 나는 모든 코끼리에게 매혹을 느낀다. 마찬가지로 사람들이 코끼리를 대하는 관계와 태도 역시 얼마나 직접적으로 서식지와 자원을 공유하느냐에 따라 다를 수 있다. 가장 친한 친구 동료, 연구 대상, 일의 수단, 돈의 원천 혹은 적 등 사람들에게 코끼리는 이 모든 것일 수 있으며, 어떤 사람에게는 훨씬 더 강렬한 존재일 수 있다. 한 사람의 젊은 생물학자로서 코끼리와 연결된 다음, 나는 이 동물에게 왜 사람들이 매력을 느끼지 않는지 이해할 수가 없었다. 다른 배경과 문화를 가진 사람들과 수많은 대화를 나눈 다음인 지금은 다른 관점 역시 이해하게 되었다. 그러나 모든 사람이 코끼리를 사랑할 것까지는 없지만 우리는 이 동물을 존중해야만 한다는 것은 사실이다. 만약 코끼리가 어떻게 살아가고 생각하는지, 어떻게 의사결정을 하고, 왜 그렇게 하는지를 이해한다면 그러는 데에 도움이 될 것이다.

마지막으로, 코끼리 연구의 최종 목적지는 당연히 이 지구상에서 코끼리의 생존을 보장하는 것이다. 상아와 가죽을 얻기 위한 밀렵 외에도 코끼리의 주요 위험은 점증하는 서식지 감소와 그로 인한 자원을 둘러싼 인간과의 갈등이다. 우리 연구자들은 공간과 자원을 둘러싼 코끼리와 인간의 요구를 어떻게 고려하고 충족시킬 수 있을지, 어떻게 해야 평화로운 공존이 가능할지에 관한 개념들을 제공할 수 있다.

　　우리의 행성에서 코끼리가 사라지면 치명적인 결과를 초래할 수 있다. 코끼리는 수많은 동식물 종의 서식 환경을 창조하는 존재이며, 생태계의 생물종 다양성을 유지하는 데에도 중요한 역할을 한다. 코끼리는 건기에 엄니로 땅을 파서 물을 구하고, 다른 동물들 역시 그 혜택을 누린다. 코끼리 무리의 이동은 나무들을 짓밟아 새로운 이동 경로를 만들어낸다. 뿌리째 뽑아버리거나 쓰러뜨리기를 좋아하는 코끼리의 먹이 활동으로 사바나는 이들 서식지를 필요로 하는 모든 동물에게 개방된다. 반면 너무 좁은 공간에 너무 많은 코끼리가 살게 된다면 매우 파괴적인 결과가 빚어지기도 한다. 생태계는 균형이 필요하고, 거대 동물들 역시 서식지가 재생될 수 있을 정도로 움직일 수 있는 공간이 필요하다.

　　코끼리는 이른바 주력 종에 속한다. 특히 카리스마 있는 종으로 인식되고 있으며 동시에 서식지 전체를 대표하는 종이다. 따라서 코끼리는 다른 종들을 보호하기 위한 방패막이 역할을 한다. 만약 코끼리를 지켜낼 수 있다면 수많은 동물과 전체 숲 지역을 포함하여 다양한 식물종들도 지켜낼 수 있다. 그것이 바로 우리가 지구를 보존하는 데 왜 코끼리들이 중요한가 하는 까닭이기도 하다. 우리 행성의 거대한 숲은 탄소를 저장하고, 지구의 온도를 낮추며, 우리가 숨 쉬는 공기를 제공해 준다. 아프리카 숲 코끼리의 서식지인 중앙아프리카의 드넓은 숲은 여기에서 특히 중요하다. 비록 그들은 사바나 코끼리들보다는 체구가 다소 작지만, 열대우림과 이산화탄소의 저장고라는 기능의 균형을 유지하기 위해 생태계에서 중심적인 역할을 한다.

이 책에서 나는 여러분들을 지구상에서 가장 큰 육상동물의 세계로, 쇠브룬 동물원의 아부와 사비에게로, 아도 코끼리 국립공원의 치키 찹스와 발리모사에게로, 그리고 수많은 여러 코끼리에게로 데려가려고 한다. 나는 그들의 삶과 운명을, 그들이 직면했던 도전과 감동적인 순간과 투쟁을 이야기하려고 한다. 우리는 어떻게 그들이 소통하고, 어떻게 사고하며, 어떻게 느끼는지, 어떻게 그들 고유의 감각으로 세계를 지각하는지를 탐구하려고 한다. 그리고 우리가 그들의 지성과 우리의 지성을 그들의 생존을 보장하기 위해 어떻게 희망적으로 사용할 수 있는지를 탐구하고자 한다.

2장

코끼리도
감정을 느낀다.

암컷 코끼리 치키 찹스Cheeky Chops와 그녀의 막내, 어린 크리스Chris 가 남아프리카 한낮의 더위를 피해 나무 그늘 아래에서 쉬고 있다. 치키 찹스는 선 채로 꾸벅꾸벅 졸고 있다. 그녀의 코는 잠자는 새끼의 배 위에 편안하게 걸쳐져 있다. 그녀는 새끼의 피부를 느끼고, 새끼의 배가 가볍게 오르내리는 것으로 호흡을 느낀다. 그녀의 눈은 반쯤 감겨 있다. 그럼에도 그녀의 몸에 흐르는 긴장으로 미루어 보아 경계를 늦추지 않고 있음을 알 수 있다. 감지하기 어렵긴 하지만 치키 찹스는 머리를 들어 올리고, 잘 들을 수 있도록 귀를 약 45도 정도 열어둔 상태다. 그녀는 멀리서 들려오는 낮게 그르렁거리며 웅웅거리는 소리rumble를 포착한다. 이 웅웅거리는 소리는 아주 낮은 초저주파 소리이며, 우리 인간에게는 거의 들리지 않는 저주파 음역infra-sonic range의 소리다. 그런데도 나는 마이크, 헤드폰, 녹음 장치 등 좋은 기기의 도움으로 그 소리를 잡아낸다. 코끼리는 먹이 활동을 하는 동안 서로 떨어져 시각적 접촉이 불가능할 때 서로가 어디에 있는지 알리기 위해 이 웅웅거리는 소리를 사용한다. 치키 찹스는 조용하고 긴 웅웅거리는 소리로 대답한다. 그리고는 여기에서 아도 코끼리 국립공원에 사는 코끼리가 내는 웅웅거리는 소리 Rumble를 듣고 볼 수 있다. 이 소리는 코끼리들이 연락을 취할 때 사용하는 소리 중 하나다.

즉각 몸이 이완되고, 간혹 펄럭거려 더위를 식힐 때를 제외하고는 열었던 귀를 닫는다. 무리의 나머지는 가까이에 있어 그녀는 모든 것이 괜찮다고 느낀다. 나도 이젠 아주 가까운 곳에서 코끼리들이 먹이 활동을 할 때 내는 전형적인 소리인, 수풀에서 나뭇가지가 부러지는 소리를 듣는다.

치키 찹스는 남아프리카 남단인 아도 코끼리 국립공원에 살고 있는 B 무리를 이끄는 우두머리-가모장Matriarchinnen이라 지칭하기도 하는-암컷 코끼리 중 한 마리다. 이 국립공원에는 일곱 무리가 살고 있고, B 무리는 가장 큰 무리 중의 하나다. 코끼리 무리는 다시 '결속 그룹' 또는 '가족 그룹'으로 나뉜다. 이들 그룹은 하루 동안 정기적으로 만나서 섞이고 다시 헤어지는 두세 마리 혹은 네 마리로 이루어진 밀접한 가족으로 구성된다. 이들 다양한 그룹들은 서로 함께 또는 서로 가까운 곳에서 밤을 보내기도 한다. 이렇게 이루어지는 무리는 총 100마리에서 150마리 정도의 코끼리들로 이루어져 있다. 행동 생물학에서는 이러한 무리를 우리 인간이나 우리와 가장 가까운 침팬지들이 형성하는 것과 유사한 분열-융합 사회Fission-Fusion-Gesellschaft라고 지칭한다. 분열-융합 사회는 무리의 개체들이 일정 기간 떨어져 나왔다가 다시 다른 무리를 만나고 나중에 한꺼번에 모이기도 하는 것이 특징이다.

모든 것이 가족을 중심으로 돌아간다.

가장 강한 유대감은 가족 집단 내에서 형성된다. 사람과 코끼리는 다르지 않다. 코끼리의 경우, 이러한 유대는 서로 밀접하게 연결된 암컷, 주로 자매들과 그들의 직계 후손으로 구성된다. 딸들과 조카들은 어머니, 이모와 평생 함께 지내게 되며, 반면에 어린 수컷들은 사춘기에 이르면 점차 무리에서 떨어져 나가게 된다. 작은 수컷 코끼리 크리스는 이제 한 살이 되었고, 아직은 오랫동안 무리 속에서 안전과 안락함을 누릴 수 있다. 그러다 약 열네 살이 되면 천천히 독립하게 되고, 사춘기에 이르면 무리를 떠날 것이다.

안전과 안락함을 코끼리들은 중요하게 생각할까? 코끼리에게도 그것이 중요할까? 종종 사람들은 따로 내게 연락하거나 강의가 끝난 후 코끼리에 대한 자신들의 경험을 생생하게 이야기하곤 한다. 코끼리에 대한 직접적인 경험은 분명 그들에게 깊은 감동을 주었고, 그것이 이어지는 질문과 관련이 있다. 코끼리는 감정을 느끼는가? 기쁨이나 슬픔을 느낄까? 내게 이 사실은 의심의 여지가 없으며, 내 주장을 뒷받침하는 훌륭한 논거들이 많이 있다. 동물 행동학 및 인지 생물학적 관찰, 해부학 및 생리학적 전제들은 코끼리가 감정을 느끼고, 감정이 그들의 삶에서 중요한 역할을 한다는 강력한 증거를 제공한다.

크리스는 다리를 약간 움직이고, 코로 눈을 조금 긁기도 한다. 아마도 파리가 수면을 방해하기 때문일 것이다. 깨어난 그는 엄마의 코가 자신의 배에 닿아 있는 것을 느끼고 다시 눈을 감고 조금 더 자려고 한다. 크리스는 견고한 가족 집단 속에서 자라고 있다. 이동 속도, 활동, 휴식 시간 등 코끼리 무리의 모든 것은

여기 왼쪽에서는 어미의 주목을 덜 받은 아기 코끼리가 항의하는 소리를 들을 수 있으며, 오른쪽에서는 무리들이 공황 상태에 빠졌을 때 내는 소리를 들을 수 있다.

가장 약하고 어린 구성원에게 맞춰져 있다. 그래서 크리스는 어미의 보호를 받으며 평화롭게 잠을 잘 수 있고, 무리는 근처에서 계속 풀을 뜯으며, 치키 찹스와 청각적으로 소통한다. 크리스는 엄마의 손길뿐만 아니라 무리의 다른 구성원들과의 접촉을 통해, 특히 때때로 감독을 맡고 있는 누나들로부터 많은 지도, 확인 및 안정감을 얻는다. 누나들은 코를 사용해 크리스를 원하는 방향으로 이끌기를 좋아한다. 행동 생물학에서 '알러마덜링Allomothering'이라고 부르는 이 아기 돌보기를 통해 여섯 살 된 누나는 이미 자신의 모성을 연습하고 있다. 이 보육은 누나들에게만 국한되지 않는다. 크리스가 겁을 먹거나 비틀거리거나 위험에 처해 큰 소리로 울부짖으면 모든 무리의 구성원들이 달려와 상황을 확인한다. 그들은 크리스의 소리로 흥분과 위험의 정도를 파악하고, 그것에 맞게 대응한다. 조금 거칠게 누나가 밀어붙이거나 엄마가 수유를 잠시 중단하는 것을 두고 크리스가 불만을 내뱉는 소리는 공포와 불안의 소리보다 관심을 덜 불러일으킨다. 나도 새끼 코끼리 울음소리들- 전문 용어로 '포효Roars'-의 차이를 알 수 있다. 긴급한 스트레스 신호에 반응할 때, 그들은 모두 달려와 소리를 지르고 몸통으로 쓰다듬고 냄새를 맡으며 부드럽게 매만진다. 한편으로는 새끼 코끼리의 상태를 살피고, 다른 한편으로는 코끼리를 보호하고 안심시키기 위해서다. 때로는 새끼 코끼리가 어미의 젖을 빨고 있을 때 다른 무리

코끼리들 사이에서의 접촉은 빼놓을 수 없는 요소다. 특히 가족 그룹이 짧은 이별 후 다시 모일 때 더욱 그러하다. 때때로 무리의 구성원들은 젖을 먹고 있는 새끼 코끼리의 몸에 코를 얹기도 한다

구성원, 일반적으로 누나가 코를 갖다 대 보기도 한다. 이유는 명확하지 않지만 코끼리에게도 신체 접촉은 유대의 기본인 듯하다.

모든 포유류에게 피부는 가장 중요한 기관이다. 피부에는 수백만 개의 수용체가 있어 따뜻함, 차가움, 통증, 압박감뿐만 아니라 접촉의 방향, 강도, 속도 등을 전달하며, 이 고도로 특수화된 피부 수용체는 감각의 일종이지만, 감정에 대한 판단이 일어나는 뇌로 신호를 전달한다. 사람의 경우 부드럽고 느린 움직임은 소위 CT 촉각 신경섬유(CT 섬유)의 활성화로 이어지며, 이 섬유의 활성화는 뇌에서 행복 호르몬인 옥시토신과 스트레스 호르몬의 감소를 담당하는 엔도르핀의 방출로 이어진다. 그렇게 되면 심장 박동이 느려지고, 몸이 이완된다. 연구자들은 이러한 '쓰다듬는 감각 Streichelsinn'이 인간에게 안전감과 안락함을 주는 것으로 추정한다. 결과적으로 촉감은 감정을 형성하고, 감정에 영향을 미칠 수 있다. 동일한 생리적 과정과 전달 속도가 느린 CT 촉각 신경섬유의 발생은 동물 실험을 통해서도 확인된다.

코끼리는 거의 모든 상황에서 접촉을 적극 반긴다. 한 가족 그룹이 시간적, 공간적으로 분리된 후 다시 만날 때면 환영의 인사 의식을 나누는 것을 볼 수 있다. 코끼리들은 멀리 떨어진 곳에서도 서로의 소리를 듣고, 서로의 도착을 조율한다. 코끼리들의 경우 저주파의 웅웅거리는 소리는 비교적 먼 거리에서도 들을 수 있다. 바람이 적고 습도가 높을 때처럼 소리 전달 조건이 좋은 경우, 그들의 울음소리가 미치는 범위는 수 킬로미터에 이르는 것으로 나타났다. 서로가 시야에 들어오면 코끼리들은 서로를 향해 달려가고, 마주치면 몸통과 몸통이 뒤엉키면서 서로 빙글빙글 돌고, 만지고, 냄새 맡고, 큰 소리를 질러댄다. 1분 동안 트럼펫 소리와 웅웅거리는 소리로 이루어진 합창이 울려 퍼지면서 자신들의 '하

여기에서는 코끼리들 사이에서 열리는 환영식을 볼 수 있다. 웅웅거리는 소리와 트럼펫 소리가 뒤섞인 커다란 합창을 들을 수 있다.

나 됨'을 알린다. 내게도 이 재회의 기쁨과 순수한 감정이 고스란히 느껴진다. 인정할 수밖에 없는 사실은-물론 매우 인간적인 묘사이긴 하지만-결국 코끼리는 우리와 공통점이 많다는 것이다. 우리 모두 수명이 긴 포유동물이며, 감정이 중요한 역할을 하는 복잡한 사회생활을 하고 있다.

    코끼리가 흥분을 느낄 때의 가장 명확한 신호는 측두선에서 분비되는 템포린이란 물질이다. 이는 다수의 행동 관찰을 통해 스트레스의 강도를 신뢰할 수 있는 방식으로 나타내는 신체 기능이다. 스트레스 호르몬은 일반적으로 혈액이나 침샘 표본으로 측정한다. 그러나 코끼리의 스트레스 호르몬을 측정하는 것은 거의 불가능하다. 그래서 야생 코끼리의 경우 이 조사를 위해서는 대변 표본을 측정할 수 있다. 그런데 대변으로는 대략 24~36시간 전의 호르몬 상태만 알 수 있다. 한편 템포린은 스트레스 상황에서 즉각적으로 발생하며, 코끼리의 관자놀이를 따라 강도에 비례하여 급격하게 분비된다. 이는 긍정적인 감정일 수도, 부정적인 감정일 수도 있다.

코끼리들도 죽음을 슬퍼한다

다양한 종의 동물들이 죽은 동료에게 관심을 보이지만, 코끼리는 죽은 동료와 더욱더 밀접하게 상호작용을 하는, 보

코끼리가 흥분했을 때, 귀와 눈 사이에 두드러지게 눈에 띄는 특별한 분비물이 측두엽에서 나온다.

기 드문 종들 가운데 하나다. 케냐에서 아프리카 코끼리의 행동, 사회 구조 및 생태를 연구하는 오랜 동료인 조지 위테마이어George Wittemyer는 이를 한층 자세히 조사했다. 동물들은 최근에 죽은 동료를 대면했을 때뿐만 아니라, 뜻밖의 상황에서도 다양한 여러 행동들을 보여 준다. 코끼리의 경우 오래된 동료의 시체나 뼈와도 상호 작용을 한다. 반면 기린, 코뿔소 또는 버펄로의 뼈에는 특별한 관심을 기울이지 않는다.

   코끼리가 죽음에 대한 개념을 가졌는지는 과학적인 관점에서 답하기 어렵다. 그러나 최근까지 사망한 동료를 도우려고 노력하는 코끼리들에 대한 다양한 보고가 이어졌다. 새끼 코끼리가 죽으면 어미 코끼리가 그 새끼를 몇 시간이고 끌고 다니는 것이 목격되기도 했다. 시체를 나뭇가지와 잎으로 덮어주기도 한다. 가장 흔한 행동은 코로 만져 냄새를 맡는 것이며, 때로는 발바닥으로 조심스럽게 건드려 보기도 하는 것이다. 코끼리는 살아 있는 동료의 건강 상태나 친척 관계와 같은 정보를 얻기 위해 후각을 활용한다. 그들은 죽은 동료로부터도 유사한 정보를 얻는 것으로 추정되며, 탁월한 후각적 능력 때문에 뼈를 통해서도 가능할 것으로 생각된다. 그러나 동물들의 복합적인 인식 과정에서 어떤 일이 벌어지는지는 아직 밝혀지지 않았다.

케냐의 삼부루 국립공원Samburu National Park에서 다른 무리가 천천히 이동하는 중인데도 '누르Noor'라는 이름의 어린 암컷 코끼리가 죽은 어미 코끼리 빅토리아Victoria를 오랫동안 떠나지 않고 있는 모습이 관찰되었다. 빅토리아의 열네 살짜리 아들 말라소Malasso도 다른 새끼들보다 더 오래 머물렀는데, 연구진에 따르면 이미 무리와 떨어져 독립적인 생활을 하고 있었다고 한다. 이 어린 암컷 '누르'는 관자놀이에서 템포린 분비물을 흘리고 있었다. 이것은 우리가 슬픔이라고 부르는 것과 매우 유사한 스트레스, 내면의 흥분 상태, 격렬한 감정 반응을 드러내는 명백한 신호일 수 있다. 인간은 슬픔의 표시로 눈물을 흘리는 경우가 많다. 코끼리도 눈물을 흘릴 수 있을까? 이에 대한 풍문들이 소셜 미디어에서 끊임없이 돌고 있다.

일반적으로 모든 육상 포유류는 눈물을 흘리지만 코끼리는 수생 조상을 가지고 있기 때문에 전형적인 눈물 분비 장치가 발달하지 않았으며 눈물샘도 없다. 그런데도 코끼리는 눈을 촉촉하게 하고 보호하기 위해 눈물막을 생성한다. 코끼리는 진화의 과정에서 다른 눈물샘을 발달시켰다. 대부분의 포유류와 마찬가지로 코끼리도 코 옆의 눈가에 있는 투명한 결막 주름인 누점막에 눈물을 생성하는 분비샘이 하나 더 있다. 인간의 경우 누점막 자체는 미발달된 형태로만 존재한다. 반면 코끼리의 경우, 이 분비샘은 특히 뚜렷하고 끈적끈적한 흰색 분비물을 생성하며, 자세히 관찰하면 종종 눈꼬리에서 식별할 수 있다. 코끼리의 경우 눈을 감음과 동시에 눈물을 흘리는 누점막이 닫히면서 눈을 깨끗하게 하고 촉촉하게 유지한다. 이 분비물의 형성이나 코끼리의 눈물막 생성 시스템이 감정에 의해 자극될 수 있는지는 아직 알려지지 않았지만 단정적으로 배제할 수는 없다. 어쨌든 코끼리들이 인간처럼 울지 않는다는 사실은 그들이 감정을 느끼는 능력이 없다는 사실과는 아무런 관련이 없다.

여전히 더 많은 뇌해부학적 연구가 필요하지만 코끼리 뇌의 복잡성, 신경 세포의 구성, 그들의 심리적 능력을 고려할 때 인간이 경험하는 것과 유사한 트라우마에 노출될 위험을 확인할 수 있다. 어린 시절에 어미나 무리를 상실하는 것과 같은 트라우마적인 경험은 두뇌 발달에 영향을 미칠 수 있다. 성장 중인 코끼리의 인지와 행동에 영향을 미친다는 것이다. 게다가 정상적인 경우라면 어미와 무리에 의해 어린 동물들에게 전승되는 사회적 토대와 수많은 지식이 단절될 것이다.

미국의 심리학자 게이 브래드쇼Gay Bradshaw는 2009년에 아프리카 코끼리 새끼들에게서 외상 후 스트레스 장애PTSD 징후를 최초로 발견하였다. 동물들을 조직적으로 죽이는 이른바 '도태Culling' 작전으로 인해 고아가 된 동물들이었다. 1967년부터 1994

년까지 크루거 국립공원을 포함한 남아프리카의 일부 지역에서는 그 지역에서 서식하는 코끼리 또는 코끼리 무리 전체의 개체 수를 조절하기 위해 '제거', 즉 계획적으로 죽였다. 일부 지역에서는 점점 줄어드는 서식지에 비해 코끼리 수가 너무 많았기 때문이다. 특히 이러한 제거가 이루어지던 시기에 어린 코끼리들은 종종 '제거'를 면할 수 있었지만, 어미와 다른 무리가 총에 맞아 죽어가는 것을 목격해야 했다. 이 어린 코끼리 중 상당수는 이후 유럽을 포함한 전 세계 동물원에 팔려 나갔다. 새로운 서식지나 다른 환경으로의 이동은 코끼리에게 장기간에 걸쳐 지속되는 트라우마를 불러일으킬 수 있다.

아시아 코끼리를 관광에 이용하는 태국에서는 많은 동물들이 명백히 외상 후 스트레스 장애에 시달리고 있는 것으로 나타났다. 그 이유는 여전히 잔인한 훈련 방식으로 심리적, 신체적 학대를 동반하는 경우가 많으며, 어린 동물들은 관광 산업에 '활용'되기 위해 중요한 발달 시기에 어미로부터의 격리를 경험하기 때문이다.

외상 후 스트레스 장애가 있는 코끼리는 공격성이 증가할 뿐만 아니라, 다른 동물이나 사람의 선행 도발이 없어도 공격하거나 충동적인 행동, 예측 불가능성 등과 같은 증상을 보이고, 스트레스 반응이 더 빨리 나타나기도 한다. 코끼리는 사람의 특정한 손동작과 같은 움직임에 촉발되어 스트레스 신호를 내보기도 한다. 또한 반복적이고 단조로운 동작을 거듭 수행하거나 스스로 다치게 하는 등 한층 정형화된 행동을 보이기도 한다. 자기 고립, 즉 동료들을 적극적으로 회피하고, 불안, 두려움, 사람들과 신뢰를 형성하지 못하는 것 등도 추가적인 증상이다. 수컷 코끼리는 특히 공격적인 행동을 일삼는 장애에 취약하다. 수컷 코끼리들과 달리 브래드쇼는 외상후 스트레스 장애가 있는 암컷이 오히려 내성적으로 반응하고, 우울증 증상을 더 자주 보이는 경향이 있다는 사실도 발견했다.

전쟁은 동물들의 삶에도 영향을 미친다. 미국의 대표적인 코끼리 연구자인 조이스 풀 Joyce Poole은 모잠비크의 코끼리가 케냐의 코끼리보다 훨씬 더 두려움을 강하게 느낀다는 사실을 밝혀냈다. 모잠비크에서는 내전 기간 코끼리 개체 수의 90%가 죽었다. 40년 동안 코끼리와 함께 작업해 온 풀의 과학적 경험에 따르면, 어미 코끼리들은 딸들에게 두려움을 대물림하고 있다. 내전이 끝난 지 25년이 지난 지금도 그곳의 코끼리들은 여전히 사람과 자동차에 대해 매우 공격적으로 행동한다.

크루거 국립공원에서도 비슷한 양상이 일어나고 있다. 1994년 이후 더 이상 코끼리 '제거'는 진행되지 않았지만, 코끼리들은 지금도 종종 자동차를 향해 공격적인 행동을 보인다. 이와 대조적으로 '제거' 작전이 없었던 아도 국립공원의 코끼리들은 훨씬 더 느긋하다. 코끼리들은 풀을 뜯거나 내가 경험한 것처럼 자동차 바로 근처에서도 휴식을 취한다.

이제 작은 수컷 코끼리 크리스를 어미인 치키 찹스가 부드럽게 깨운다. 그녀는 앞다리로 가볍게 밀고, 코로 배를 문지른다. 크리스는 일어나서 어미의 냄새를 맡는다. 특히 관자놀이와 생식기 주변을 살펴본다. 어미는 그의 머리 위를 코로 스치고, 마치 쓰다듬듯이 몸통을 쓸어내린다. 나는 어미 코끼리와 새끼 사이의 이처럼 다정한 장면을 관찰할 때마다 모성애를 명확히 느낀다. 치키 찹스는 새끼를 보호하고 방어하고 도울 것이다. 진흙탕에 갇히거나 장애물을 넘지 못할 때 그를 도와줄 것이다. 새끼 코끼리가 놀이 싸움에서 졌거나 나이가 들어가며 너무 거칠어지면 다독거려주기도 할 것이다. 어미 코끼리와 새끼의 관계는 코끼리 무리에서 가장 강력하며 영원히 유지된다. 심지어 원래 무리를 떠난 지 여러 해가 지난, 전성기의 거대한 어른 코끼리들조차 어미를 만나면 열정적으로 반갑게 인사를 한다.

크리스는 지금 아주 활기차게 활동한다. 물을 마시고 무리의 다른 어린 코끼리들과 씨름하기 시작했다. 새끼 코끼리는 잠을 자거나 먹지 않을 때 놀이를 한다. 새끼 코끼리는 매우 시끄럽게 뛰어다니며 상상의 적을 쫓거나 때로는 미어캣, 새, 멧돼지 같은 작은 동물을 쫓아다니기도 한다. 이런 모습을 보면 이들이 이런 놀이를 정말 즐기는 것 같다는 인상을 받는다.

복합적인 내면에 관한 통찰

코끼리도 감정을 느낀다고 하면서 동시에 우리는 코끼리를 지나치게 인격화하고 있는 것은 아닐까? 코끼리의 슬픔, 즐거움, 기쁨에 관해 이야기하는 것이 잘못된 일일까? 코끼리의 행동과 사회적 상호작용을 통해 알 수 있듯이 나의 개인적인 대답은 '그렇지 않다'라는 것이다. 그들 역시 어미이며, 우리의 어머니와 다를 바 없이 새끼를 보살핀다. 그들은 친척들과 관계를 맺고, 죽은 이들을 애도하기도 한다. 물론 이러한 행동은 달리 해석될 수도 있지만, 우리 인간과 많은 행동 생물학적 유사성을 가진—사회적이고 오래 사는 포유동물이기도 한—그들이 우리와 비슷한 감정적 삶을 살지 않을 이유가 있을까? 심지어 우리는 우리 종, 인간들 사이에서도 상대방이 우리와 같은 감정이 있는지 알 수 없는 경우가 적지 않다. 그 누구도 사람의 내면을 들여다볼 수는 없으며, 동물의 경우는 더욱 어렵다. 코끼리에게 그들의 감정에 관해 물어볼 수는 없지만, 많은 연구 끝에 지금은 코끼리의 행동을 해석하고 그로부터 유사성을 추론하는 것은 가능하다.

  코끼리는 내게 감정을 불러일으키고, 많은 사람들 역시 이와 비슷한 감정을 느낀다는 것을 알고 있다. 특히 동물들을 자연 서식지에서 관찰할 수 있다는 것은 아주 특별한 느낌이다. 호주의 샤크 베이에서 돌고래와 함께 수영했을 때 가장 흥분했던 경험은 이 놀랍고도 신비로운 생명체와 눈이 마주친 순간이었다. 잠시나마 우리는 서로 연결된 것 같았다.

  우리가 어떤 동물들에게 느끼는 감정은 그들의 독특함에 대한 매혹 때문일까? 특히 코끼리는 웅장한 자태로 자연 속에서 가까이서 마주치면 잊을 수 없는 순간을 선사한다. 사바나에서 코끼리를 만나면, 코끼리는 잠시 멈춰 서서 우리를 바라본다. 우리와 짧은 순간을 공유하기 위해 그렇게 하는 것이다. 그것이 아니라면 우리가 느끼는 매혹은 감정적인 연결 때문일까? 신체적으로 엄연히 다른 생명체에게서 갑자기 지능과 존엄함, 공감 능력이 있음을 알아차렸기 때문일까?

내 연구의 오랜 협력 파트너이자 친구인 이들 코끼리 무리는 남아프리카공화국 림포포 주의 벨라-벨라 인근의 코끼리 개인 보호구역, 숀 헨스만Sean Hensman에서 서식하고 있다.

3장

사람이 코끼리를 피하는 방법

어깨높이가 3미터가 넘고 무게가 5톤이나 되는 코끼리를 어떻게 못 볼 수가 있느냐고 생각할지도 모른다. 그런데 나는 말씀드릴 수 있다. "네, 가능합니다!"

나는 동료들과 함께 국립공원에서 코끼리를 찾을 때 몇 번이나 이 거대한 동물들의 옆을 모른 채 지나쳤다. 코끼리들이 도로에서 몇 미터 떨어진 덤불 속에서 조용히 먹이 활동을 하고 있다 하더라도, 회색 털, 때로는 모래나 진흙이 뒤덮인 몸통, 피부의 주름, 나뭇가지 사이의 빛과 그림자가 빚어내는 위장막 등으로 말미암아 코끼리를 발견하는 것은 쉽지 않은 일이다. 보는 것보다 듣는 것이 더 쉬울 수 있다. 독특한 발바닥 형태 덕분에 걷는 동안 거의 소리가 나지 않지만, 그들의 활동은 대부분 소리로 쉽게 알아차릴 수 있다. 코끼리의 존재를 알리는 전형적인 소리는 나뭇가지가 부러지거나 넘어지는 소리, 그들이 씹어대는 소리 또는 방귀 소리 등이다. 코끼리는 길을 가면서 걸리는 가지를 부러뜨릴 수 있다. 따라서 길 위에 막 꺾인 나뭇가지나 축축한 배설물은 회색 거인의 존재를 입증하는 증거가 된다.

코끼리는 매우 독특한 동물로 수많은 신체적 특징을 가지고 있다. 실제로 오늘날 이 형태와 모습으로 살아 가고 있는 코끼리에게서 발견되는 특징들이다. 코끼리의 피부, 사지, 몸통, 귀, 엄니는 코끼리의 생활에 맞게 해부학적으로 변형된 것이다. 지난 수십 년간의 집중적인 연구에도 불구하고 우리는 여전히 이러한 코끼리의 특징, 진화의 과정 및 목적을 완전히 이해하지는 못하고 있다.

발끝으로 걷는 회색 거인들

코끼리가 무언가를 먹을 때 소리는 들리지만 걸을 때는 거의 소리가 들리지 않는다. 코끼리는 말 그대로 부드러운 '발바닥'으로 걷기 때문에 여러분에게 몰래 다가갈 수 있다. 언뜻 보기에는 코끼리가 '발바닥 보행자Sole-walkers'인 것처럼 보인다. '발바닥 보행자'는 곰이나 유인원처럼 움직일 때 해부학적으로 손이나 발바닥 전체를 땅에 딛는 육상 척추동물을 일컫는 이름이다. 하지만 코끼리는 말이나 코뿔소와 마찬가지로 발끝으로, 발가락으로 걷는 동물이다. 하지만 코끼리의 발가락 뒤에는 지방과 그 결합 조직으로 이루어진 젤과 같은 쿠션이 있어 체중을 흡수하기에 기능적인 발끝 보행이 가능하다. 모든 코끼리의 발가락은 다섯 개이지만 모든 발가락마다 발톱이 달려 있지는 않다. 아프리카 사바나 코끼리는 앞발에 발톱이 4개, 뒷발에 보통 3개가 있다. 아시아 코끼리는 앞뒷발에 발톱이 하나 더 있다. 앞발에는 5개, 뒷발에는 보통 4

개가 있다. 또한 모든 코끼리는 발등에 여섯 번째 발가락 역할을 하는 뼈가 있어 체중을 이동할 때 거대한 체구가 안정적으로 움직일 수 있도록 돕는다.

우리는 국립공원에서 코끼리의 발자국을 보고, 코끼리의 크기와 나이를 추정한다. 다음과 같은 주요한 규칙을 적용한다. 수컷 아프리카 코끼리의 어깨높이는 뒷발자국 길이의 5.8배이며, 뒷발자국은 최대 55cm까지 자랄 수 있다(암컷의 경우 5.5배의 곱셈 계수가 적용됨). 그리고 코끼리는 클수록 나이가 많다는 뜻이다. 수컷 코끼리는 나이가 들면서 자연스럽게 어깨가 넓어지고 체격이 커지지만, 이 측정을 통해 대략적인 연령 범주와 어깨높이를 추정할 수 있다.

코끼리는 일생 장거리를 걷기 때문에 사지의 해부학적 구조가 그것에 맞게 적응해 왔다. 코끼리는 먹이와 물을 찾아 하루에 최대 100킬로미터를 이동할 수 있다. GPS 발신기를 사용하면 개별 코끼리와 전체 무리의 이동을 추적할 수 있기에 연구를 위해서는 절실히 필요하다. 코끼리가 이동하는 이유와 이동하는 동안 코끼리가 어떻게 행동하는지에 대해 우리는 아직 아는 것이 너무 적기 때문이다. 코끼리의 이동은 계절적일 수도 있고, 단순히 즉흥적일 수도 있다.

2020년, 아시아 코끼리 무리가 중국 윈난성의 시솽반나 자연보호구역Xishuangbanna-Naturreservat에서 출발해 까마귀가 날아가듯 500킬로미터가 넘는 여정을 떠나면서 화제가 되었다. 이들은 2021년 9월에야 보호구역으로 다시 돌아왔다. 지금까지도 이 여정의 목적과 동기가 무엇인지, 그리고 다시 그들이 조상 대대로 살던 보호구역으로 돌아오게 된 이유는 무엇인지 모든 것이 불분명하다. 중국 당국은 코끼리와 인간 모두의 안전을 도모하기 위해 이 이동을 허용하고 동행했다. 야생 동물과 문명이 만나면 보통 충돌이 발생하기 때문에 이렇게 하는 것이 당연한 일은 아니겠지만 필요한 일이기는 하다. 이동 과정에서 코끼리들은 실제로 도시로 들어가 밭을 약탈하고 과일을 먹고 부엌에 침입하기도 했다. 그러나 소셜미디어를 통해 전 세계적으로 반향을 불러일으킨 이 이야기는 우리가 여전히 코끼리의 필요에 대해 이해하는 바가 너무 적고, 코끼리의 이동 동기도 여전히 알고 있지 못하다는 사실을 분명히 말해 주고 있다. 나는 코끼리가 보호구역이 너무 혼잡해져서 이동을 시도한 것이 아닐까 의심하고 있다. 덧붙여 말하자면 이는 우리 시대가 직면한 주요 문제 중 하나로, 인간에 의해 제한된 보호구역 안에서 코끼리 개체 수가 계속 증가하고 있다는 것이다.

이러한 긴 행진은 코끼리의 발이 큰 무게를 지탱하며 장거리를 이동하기에 적합한 체질을 타고났음을 증명한다. 이뿐만이 아니라 코끼리의 피부도 특별하다. 코끼리는 종종 '두꺼운 피부를 가진 동물Dickhäuter(Pachydermata)'이라고 불린다. 그러나 이 용어는 이전의 계통학에서 수용되었던 동물 집단에 대한 오래된 용어이며, 계통 발생, 즉 진화론에 근거하지 않은 용어다. 그래도 생물학적으로 정확하지는 않지만 코끼리, 코뿔소 또는 하마를 설명하는 데 여전히 일반적으로 사용되고 있다.

피부, 털, 귀: 생활 환경에 완벽하게 적응한 코끼리

코끼리의 피부 가운데 실제로 등이나 엉덩이, 다리와 같은 곳은 2~3센티미터 두께로 두껍다. 그러나 귀 뒤쪽과 같은 곳은 피부가 종이처럼 얇고 매우 매끄럽게 느껴진다. 코끼리는 거대한 내장 기관, 거대한 뼈와 근육으로 인한 내부 압력이 크기 때문에 두꺼운 피부가 필요하다. 그럼에도 코끼리의 피부는 매우 민감한 기관이며, 신경이 말단까지 조밀하게 연결되어 있다. 코끼리는 자신에게 내려앉는 모든 파리를 알아차리고, 특히 아프리카에서 발견되는 더 공격적인 말파리나 벌에 대해 신경질적으로 반응한다. 나의 동료들은 실험을 통해 벌떼 소리만으로도 아프리카 코끼리 무리를 쫓아낼 수 있다는 사실을 밝혀 내기도 했다.

대부분의 포유류와 마찬가지로 코끼리도 털이 있는데, 어떤 코끼리는 더 많고 어떤 코끼리는 더 적다. 털의 양은 개체마다 다르며 나이에 따라서도 달라지는데, 어린 동물일수록 털이 많다. 그리고 아시아 코끼리는 일반적으로 아프리카 코끼리보다 털이 더 많다. 하지만 몇 미터 떨어진 곳에서는 잘 모를 수도 있겠지만 코끼리는 모두 털이 있으며, 특히 등과 머리에 털이 많다. 나는 케냐 나이로비의 코끼리 보호소Elefantenwaisenhaus에서 아프리카 코끼리의 소리 발달에 관한 박사 학위 논문을 쓰던 중 생후 3개월 된 새끼 코끼리 마디바Madiba와 사랑에 빠진 적이 있다. 그곳에 있는 다른 새끼 코끼리들과 마찬가지로 마디바도 어미를 잃었다. 대부분 밀렵이 그 이유이지만 때로는 다른 불행한 상황 때문일 수도 있다. 나는 이렇게 털이 많은 코끼리는 처음 보았다. 마디바는 거의 작은 매머드처럼 보였다. 낮에는 나이로비 국립공원Nairobi-Nationalpark에서 새끼 코끼리들, 사육사들과 함께 걸어서 이동하고는 했다. 점심시간에 쉬고 있을 때 마디바는 종종 내 야외 매트 위

당시 3개월 된 아기 코끼리 마디바와 함께, 케냐에서.

코끼리의 피부 구조에 대한 상세한 설명: 피부 주름과 홈이 보이며, 이 주름과 홈들은 서로 연결된 채 진흙과 수분을 저장한다. 위의 오른쪽 사진은 약 20센티미터 길이의 코끼리 피부 단면이며, 아래 사진은 그 단면의 피부 구조를 더욱 잘 보여주는 확대한 이미지다.

로 올라와서 누웠고, 서로 껴안기도 했다. 수컷 새끼 코끼리의 몸에 난 털은 매우 가늘고 부드러운 반면 꼬리털은 철사처럼 단단했다. 파리를 쫓아내기에 완벽한 털이었다. 두껍고 단단한 털은 보온 효과가 있지만, 털이 매우 가늘면 보온 효과가 역전되어 오히려 열을 방출하는 데 도움이 된다. 코끼리의 경우 체온의 최대 20%까지 털이 조절할 수 있다.

    코끼리는 털이 많을 뿐만 아니라 피부가 주름진 것이 특징이다. 아시아 코끼리는 건조한 지역에 사는 아프리카 코끼리보다 주름이 약간 적다. 또한 아시아 코끼리는 회색을 기본으로 하지만 색소가 없는 분홍색이나 밝은 색의 반점이 있는 경우도 많다. 모든 코끼리 종은 더운 열대 기후에 살지만 땀샘이 없기 때문에 땀을 흘리지 못한다. 대신 섭씨 28도 이상의 온도에서는 미세한 털로 증발 냉각을 사용하여 냉각 효과를 얻는다. 피부 주름에 수분이 저장되어 냉각 효과가 더 오래 지속되기도 한다. 또한 피부 주름 사이에는 진흙이 끼어 있기 마련이며, 이는 햇볕과 기생충으로부터 피부를 오랫동안 보호한다. 코끼리는 귀로 열을 방출할 수도 있다. 이를 위해 혈액이 이 커다란 청각 기관까지 전달되고 정맥이 확장되며 반복적으로 열리는 '부채질'로 얇은 피부를 통해 열이 방출된다. 이러한 방식으로 코끼리의 귀는 '열린 창문' 역할을 하며, 이는 귀의 온도가 몸의 다른 부위보다 훨씬 높거나 낮을 수 있기 때문이다. 이렇게 귀는 체온 조절에 중요한 역할을 한다.

    그리고 코끼리의 귀에는 또 다른 놀라운 사실이 숨겨져 있다. 코끼리의 귀는 외이도를 닫을 수 있다는 것이다. 이 메커니즘은 물개와 같은 해양 포유류에만 있다고 알려진 것이다. 귀를 뒤로 젖힌 '정상' 상태에서는 외이도가 닫히지만, 소리를 들으려면 귀를 약간 몸에서 떼어내 외이도를 열 수가 있다.

우아한 수영 선수

코끼리는 훌륭한 수영 선수이며 실제로 진짜 물개들이라 불러도 될 정도다. 그러나 그럴 수 있으려면 엄격한 전제 조건이 필요한데, 물의 온도가 적절하고 충분히 따뜻해야 한다는 것이다. 아도 코끼리 국립공원에는 하푸어Hapoor라는 매우 특별한 물웅덩이가 있는데, 이곳에 상주하는 코끼리 개체군의 사교 모임 장소다. 상대적으로 가까운 곳에 더 아름다운 물웅덩이가 몇 군데 있기는 하지만, 기온이 높을 때는 하푸어에 수백 마리의 코끼리가 동시에 모이는 경우도 드물지 않다. 정말 혼잡하기 그지없으며, 왕래 또한 빈번하다. 많은 코끼리가 서로 인사하고, 일부는 서로 멀리하기도 하고, 의심스러운 눈으로 경계하기도 한다. 그러나 잘 어울리는 코끼리들은 물속에서 함께 놀이를 즐긴다. 주로 어린 코끼리들이라고 생각하겠지만 그렇지 않다. 암컷과 큰 수컷 코끼리가 함께 물보라를 일으키고, 머리와 코로 물을 치고, 완전히 잠수하고, 뒹굴고, 발이나 엉덩이만 물 밖으로 내밀고 있는 것도 목격한 적이 있다. 때때로 코가 스노클 역할을 하는 모습을 보이기도 한다.

코끼리는 더 먼 거리도 헤엄칠 수 있다. 그럴 때는 머리의 윗부분과 코만 보인다. 코끼리는 놀랍도록 뛰어난 부력을 가지고 있으며 걷기를 통해 잘 훈련된 근육질의 다리로 헤엄친다. 측정 결과 코끼리는 물속에서 시속 2.7km의 속도를 낼 수 있는 것으로 나타났다. 아프리카 코끼리의 최대 수영 거리는 강에서 48킬로미터에 달했다. 이러한 연구 결과를 바탕으로 스리랑카에 사는 아시아 코끼리가 바다를 건너온 인도 코끼리의 후손일 수 있다는 가설도 제기되고 있다. 그러나 이 가설은 아직 입증되지 않았다.

남아프리카의 아도 코끼리 국립공원에 있는 하푸르 물웅덩이에서 목욕하는 코끼리 무리.

다양한 쓸모를 갖춘 코: 스노클, 운송 도구, 감각 기관

코끼리의 코는 코끼리의 가장 인상적인 신체적 특징이다. 단순히 스노클링으로 사용되기 때문만은 아니다. 해부학적으로 코는 코와 윗입술이 융합된 기관이지만, 기능적으로 코는 그 이상이다. 코는 뼈가 있는 혹은 뼈가 없는 4만 개의 근육으로 구성된 근육성 수압기다. 이에 비해 사람의 인체는 656개의 근육으로 구성되어 있다. 코끼리 코의 많은 개별 근육은 상반된 힘을 작용시킴으로써, 즉 수축과 이완을 통해서만 힘을 생성할 수 있기 때문에 서로 길항적으로 작용해야 한다. 한 근육 그룹이 이완되는 동안 다른 근육 그룹은 수축한다.

코의 근육 섬유는 세로축을 기준으로 평행하거나 수평을 이루거나 비스듬하거나 세 가지 방향으로 정렬되어 있다. 따라서 코는 그 움직임에 따라 길어지고, 짧아지고, 비틀어지는 등 거의 모든 동작을 수행할 수 있다. 나뭇잎이나 작은 나무 조각과 같은 가벼운 물건들은 빨아들여 운반한다. 때로는 흡입력과 운동 능력이 결합하기도 한다. 이것은 공학, 더 정확하게는 로봇 공학의 관점에서는 흥미롭지 않을 수가 없다. 예를 들어 물체를 다루거나 들어 올리거나 잡는 감각은 작업장에서 사람들을 지원하기 위한 로봇의 주요 임무이기도 하기 때문이다. 코끼리의 코는 컵이나 날달걀을 집는 등 섬세한 동작을 수행할 수도 있으며, 이는 매우 기동성이 뛰어나고 가볍고 탄력이 있으면서도 안정적인 소재로 만들어진 미래적이고 혁신적인 로봇, 이른바 생체공학 처리 보조 로봇의 모델 역할을 한다. 이러한 인공 코는 압축 공기로 부풀린 다음 쇠밧줄로 다시 잡아당기는 등, 길이와 위치를 정밀하게 조작할 수 있는 여러 요소로 구성될 것이다.

다시 코끼리로 돌아가자. 코끼리의 코끝에는 '손가락fingers'이라고도 불리는 돌기가 있다. 아프리카 코끼리는 두 개, 아시아 코끼리는 한 개의 코 돌기를 가지고 있다. 또한 코와 콧구멍 근처의 코끝에는 진동 모라고 하는 촉각 털이 있으며, 우리 손끝에서도 많이 발견되는 '파시니안 체pacinic corpuscles'라고 하는 기계 수용체가 있다. 이는 땅콩을 집거나 풀을 뽑을 때뿐만 아니라 당기고, 들어 올리고, 치고, 찌르고, 쓰다듬는 데 사용되는 매우 민감한 감각 및 촉각 기관이다. 코끼리는 물도 코로 섭취한다. 한 번에 8~10리터를 빨아들일 수 있다. 하지만 정확히 말하면 코끼리는 코로 물을 마시지는 않고 입으로 물을 부어 넣은 다음 삼킨다.

이 모든 놀라운 기능 외에도 코는 의사소통에도 사용된다. 한편으로는 소리를 내는 데 사용되며, 다른 한편으로는 코의 자세와 위치에 따른 일종의 몸짓으로 여러 가지 의미를 소통한다. 우리가 손동작으로 의사소통을 하는 것과 마찬가지로 코끼리는 코의 동작으로 의사소통을 한다. 코끼리는 코로 숨을 쉬며, 코끼리의 코는 동물계에서 가장 뛰어난 후각 기관의 일부다. 코끼리는 전 세계 어떤 포유류보다 많은 후각 수용체를 가지고 있다. 한 연구에 따르면 코끼리의 코는 2,000개의 유전자(소위 후각 수용체 유전자olfactory receptor genes)를 가지고 있으며, 이는 특히 섬세한 지각에 유리하다는 것을 말해 준다. 인간은 400개의 OR 유전자를 가지고 있는 반면, 개는 약 1,200개를 가지고 있다. 코끼리의 코는 바람의 냄새를 직접 맡을 수 있는 이동식 후각 안테나 역할을 할 수도 있다. 이 냄새의 세계를 우리 인간들은 부분적으로만 상상할 수 있다. 의사소통에 사용되는 냄새는 동물이 주변 환경에 방출하는 화학 신호인 페로몬이다. 시각적 인상에 주로 의존하는 인간과 달리 코끼리는 후각으로 주변 환경을 파악하여 방향을 잡는 것 같다.

그렇다면 코가 상처를 입는다면 코끼리는 어떻게 될까? 예컨대 야생동물에게 공격당하거나 밀렵꾼이 설치한 올무 때문에 코에 상처가 났다면 어떻게 될까? 우리는 종종 코가 일부 잘려 나간 코끼리들을 마주치기도 한다. 부상이 제대로 치유되면 이러한 장애를 가지고도 놀라울 정도로 잘 살아갈 수 있다. 애초 이 특별한 기관을 다루는 것이 코끼리들에게 선천적으로 주어진 것이 아니다. 배우고 연습해야 하는 기능인 것이다. 2022년 11월, 나는 마라타바 국립공원 Marataba National Park 에서 작은 새끼 코끼리가 코를 가지고 노는 모습을 관찰했다. 그 사이 어미와 나머지 코끼리 무리는 먹이를 먹느라 바빴다. 하지만 이렇게 작은 코끼리는 단단한 먹이를 거의 먹지 못하기 때문에 자신의 코와 코의 작동 방식에 익숙해질 시간이 필요하다. 그때는 분명히 코 훈련을 하는 시간이었을 것이다.

조금 떨어진 곳에서 무리의 큰 수컷 코끼리가 다가왔다. 그는 어린 암컷 코끼리의 신선한 소변 냄새를 맡았고, 코를 말아 입 깊숙이 집어넣었다. 이 행동을 '플레멘 Flehmen'이라고 한다. 플레멘은 말이나 낙타, 개와 고양이도 하는 행동이다. 의도적으로 입을 살짝 벌리고 냄새를 쿵쿵대며 맡는 행동이다. 커다란 수컷 코끼리는 코를 이용해 암컷의 소변에서 흡수한 페로몬을 자신의 보메로

나스 기관vomeronasalen Organ으로 직접 유도한다. 이는 코의 중앙 양쪽에 있는 두 개의 구멍이다. 이는 번식 행동과 관련하여 자주 사용되는 추가적인 후각 기관이다. 잠시 후 수컷 코끼리는 입에서 코를 꺼내고 암컷 쪽으로 다시 잠깐 냄새를 맡은 후 가던 길을 계속 이동했다. 어린 암컷 코끼리는 아직 짝짓기할 준비가 되지 않았을 것이다.

싸우기 위한, 씹기 위한 이빨

나는 이 수컷 코끼리의 오른쪽 엄니가 왼쪽보다 훨씬 짧다는 것을 알았다. 아마도 경쟁자와 싸우는 중에 부러진 것처럼 보였다. 이런 일은 비교적 자주 발생하며 위험하기도 하다. 코끼리의 엄니는 연장된 앞니로 뿌리는 없지만 신경이 있다. 한 개가 부러져도 평생에 걸쳐 자란다. 그러나 엄니가 완전히 제거되면 다시 자라지 않는다. 특히 치아 주머니의 윗부분이나 두개골 안쪽에서 치아가 쪼개지면 문제가 발생할 수 있다. 이는 심각한 부상과 감염을 일으킬 수 있다. 새끼 코끼리에게는 젖니가 있는데, 이 젖니는 보통 첫해에는 보이지 않고 빠져버린다. 진짜 엄니는 생후 약 두 살이 되면 자라기 시작한다. 아프리카 코끼리의 경우 암컷과 수컷 모두 엄니가 보이지만 예외도 있다. 수컷의 엄니는 암컷의 그것보다 훨씬 크고 무겁다. 아프리카 코끼리 중 엄니 기록 보유자는 케냐 출신이다. 이 코끼리의 엄니 길이는 3.49미터, 무게는 77킬로그램이었다. 이 인상적인 표본은 뉴욕의 미국 자연사 박물관American Museum of Natural History에서 감상할 수 있다. 암컷 아시아 코끼리도 엄니를 가지고 있지만, 드물게 엄니 주머니에서 고작 몇 센티미터만

튀어나온 경우도 있다. 그러나 대부분은 보이지 않는다.

엄니와 달리 코끼리는 일생 여섯 번 갈이를 하는 어금니가 따로 있다. 어른 코끼리의 경우 턱의 양쪽 위와 아래에 항상 약 30센티미터의 큰 어금니가 있다(물론 턱의 길이에 따라 다를 수도 있다).

젖니는 약 3년 후에 빠지고 그 후 다섯 차례에 걸쳐 새로운 치아가 나온다. 어금니는 뒤에서 앞쪽으로, 차례로 교체되고 (수평 치아 교체), 마모된 앞부분은 씹는 동안 부러지고 떨어져 나간다. 코끼리는 최대 70년 정도까지 살 수 있지만, 언젠가는 치아가 '제 역할을 하지 못하게' 된다. 그러면 단단한 음식을 먹는 데 문제가 생기고 점점 더 쇠약해져 결국 영양실조와 노화로 죽게 된다.

코끼리는 특별한 해부학적 특징을 많이 가지고 있다. 그러나 오늘날까지도 그 기능과 의미가 불분명하다. 이는 부분적으로는 죽은 코끼리에 접근하기 어렵고, 부분적으로는 이렇게 큰 동물을 해부하는 것이 극도로 복잡하기 때문이다. 연구는 주로 동물원의 코끼리에 의존하고 있다. 수십 톤에 달하는 죽은 코끼리는 밧줄과 크레인을 사용하여 이동시켜야 한다. 그러나 실용적인 측면 외에도 해부학으로만 구조물이나 기관의 기능을 추론하는 것은 쉽지 않은 경우가 많다. 닫을 수 있는 귀와 같은 일부 구조는 코끼리가 수중에서 진화한 과거를 가리킬 수 있다. 시간이 지남에 따라 코끼리는 육지의 생활 방식과 서식지에 완벽하게 적응했다. 코끼리의 독특함은 우리에게 미스터리를 제공하지만 동시에 우리에게 흥미를 자아내는 존재가 되기도 한다.

아마도 25살에서 30살 남짓으로 보이는 중년의 수컷 코끼리. 물웅덩이로 가는 중이다. 이 수컷이 걷고 있는 길은 그의 동료들이 즐겨 다니는 길이다.

제 4 장

코끼리는 바다소와 어떤 관계인가?

이 장에서는 오늘날 살고 있는 코끼리 종과 가장 가까운 친척과 그 조상에 대해 살펴보겠다. 어려울 것이라 걱정할 필요는 없다. 코끼리의 분류 체계와 계통은 정말 흥미진진하며, 몇 가지 놀라운 발견을 안겨줄 것이다. 분류학으로의 여행을 함께 떠나 보자!

우리는 종종 '코끼리'에 대해서만 이야기하고, 코끼리들이 서로 얼마나 다른지 잊어 버리곤 한다. 아프리카 코끼리의 두 종류인 사바나 코끼리와 숲 코끼리는 사자와 호랑이만큼이나 분류학적으로 다르다는 사실을 알고 있는지? 사자와 호랑이를 '동일하다'라거나 또는 '같은 종'으로 설명하는 사람은 아무도 없을 것이다.

모든 코끼리가 같지 않다는 사실은 개별 개체뿐만 아니라 오늘날 살아 있는 세 종류의 코끼리에게도 적용된다. 아프리카 사바나 코끼리 또는 대초원 코끼리의 학명은 록소돈타 아프리카나Loxodonta africana이고, 아프리카 숲 코끼리의 학명은 록소돈타 시클로티스Loxodonta cyclotis다. 아시아 코끼리의 이름은 엘레파스 막시무스Elephas maximus다. 이 코끼리는 오늘날 살고 있는 두 종류의 아프리카 코끼리보다 매머드와 더 밀접한 관련이 있으며 다른 속에 속한다. 그렇기 때문에 학명에 록소돈타('구부러진 이빨'이라는 뜻의 그리스어)가 아닌 엘레파스가 앞에 오게 된 것이다. 종 이름의 첫 번째 부분은 항상 속을, 두 번째 부분은 종을 나타낸다. 따라서 호랑이는 판테라 티그리스Panthera tigris이며, 사자는 판테라 레오Panthera leo라고 불린다. 다른 속屬에 속하는 치타는 아시노닉스 주바투스Acinonyx jubatus라고 불린다.

분류군, 과, 속 - 코끼리 분류학에 대해 간단히 알아보기

'생물 계통학Biosystematik'이라고도 알려진 분류학은 생물체의 체계적인 분류, 명명, 계통 발생Phylogenie 및 진화를 다룬다. 생물체를 분류군, 목, 과, 속, 종으로 분류하는 것은 비교 형태학적 특성, 즉 외형과 관련된 특성을 기반으로 하며, 최근에는 분자생물학적 연구도 점점 더 많이 활용되고 있다.

먼저 주요 용어를 정의해 보겠다. 형태학에서는 무엇보다도 생물체 간의 분류학적 및 진화적 관계를 찾거나 구분하기 위해 생물체들 사이의 구조(기관, 팔다리 등)를 비교한다. 유사하거나 동질적인 특성은 분류학을 위한 구분에 특히 중요하다. 척추동물의 앞다리를 예로 들어 설명해 보자. 인간의 팔, 쥐나 코끼리의 앞다리, 새와 박쥐의 날개, 바다사자나 고래의 지느러미는 모두 해부학적인 기본 구조는 같지만 기능이 다르다. 각각 잡기, 오르기, 달리기, 비행 또는 수영에 적합하기 때문이다. 따라서 이 경우 우리는 동질적인 구조, 곧 '상동 구조homologe Strukturen'라고 지칭한다. 반면에 기능은 동일하지만 신체 구조가 다른 경우, 예를 들어 박쥐의 날개와 나비의 날개는 '유사성Analogie'이라고 한다.

반면에 분자 분류학 분야에서는 DNA 염기서열을 비교하여 개별 동물종의 계통을 재구성하려는 시도가 있다. 이 분야의 과학자들은 때때로 순전히 형태학에 기반한 연구와는 다른 분류 제안을 내놓기도 한다. 또한 화학적 특성, 아미노산 서열, 단백질 등도 분류에 중요한 역할을 하므로 분류학은 복잡한 연구 분야다. 흔히 생각하는 것과 달리 분류학은 한 번 정해진다고 바꿀 수 없는 것이 아니다. 현대의 과학적 방법을 바탕으로 새로운 발견이 끊임없이 이루어지고 있으며, 그에 따라 가계도는 수정되고 조정되어야 한다. 코끼리는 어떨까?

매사추세츠주 케임브리지에 있는 브로드 연구소Broad Instituts의 '코끼리 유전체 프로젝트Elephant Genome Projects'는 매머드부터 마스토돈까지 멸종된 종을 포함하여 코끼리 유전체를 해독하기 위해 노력하고 있다. 이 연구를 통해 코끼리가 플라이오세Pliozän(기원전 550만~260만 년 전)와 홍적세Pleistozän(기원전 250만~1만 년 전)에 유럽에 실제로 살았다는 놀라운 사실을 발견할 수 있었다. 유럽 숲 코끼리는 어깨높이가 4미터에 달했고, 이미 '진짜 코끼리'로 분류되었으며, 낙엽수림과 지중해성 기후를 선호했다. 현대의 진정한 코끼리의 주요 특징은 긴 코, 한 쌍의 엄니, 초기 프로보스 코끼리가 종종 가지고 있던 아래쪽 엄니의 부재, 치아의 수평 교체 및 구멍으로 가득 찬 두개골(너무 무겁지 않도록)이다. 유럽 숲 코끼리의

사슨-안할트의 가이젤탈Geiseltal in Sachsen-Anhalt에서 발견된 뼈를 바탕으로 재현한 4미터가 넘는 유럽 숲 코끼리 모형(위)과 살아 있을 때의 이미지 복원(아래). 유럽 숲 코끼리는 중기 및 후기 플라이스토세 동안 유럽과 서아시아에 살았으며, 마지막 개체군은 바이셀 빙하기Weichsel-Kaltzeit, 즉 115,000년에서 11,700년 전 사이에 멸종했다.

주요 분포 지역은 알프스 남쪽과 근동 지역까지 확장되었다. 그러나 따뜻한 시기에는 서유럽, 중부 및 동유럽으로까지 퍼져 있었다. 이 코끼리 종의 화석 유적은 이탈리아와 독일뿐만 아니라 오스트리아-헝가리 국경에서도 발견되었다. 외모의 유사성 때문에 유럽 숲 코끼리는 오랫동안 아시아 코끼리와 비슷하다고 여겨져 왔다. 그러나 최근의 분자생물학적 연구 결과에 따르면 오늘날 아프리카에 서식하는 숲 코끼리와 더 밀접한 관련이 있는 것으로 밝혀졌다. 따라서 이전의 가정과는 달리 아프리카 코끼리의 조상이 유럽까지 이동한 것이 분명해 보인다.

매머드와 다른 친족들

멸종한 코끼리 종 가운데 가장 잘 알려진 것은 아마도 털 코끼리인 매머드일 것이다. 그들은 현재의 코끼리와 거의 비슷한 크기와 무게를 가졌다. 매머드는 주로 풀을 먹고 추위에 적응했다. 매머드가 가장 널리 분포했던 시기는 빙하기였다. 아마도 우두머리 암컷 매머드가 이끌었던 무리는 영구 동토층 토양과 관목 식물이 널려 있던 대초원 지형을 이동하며 살았을 것이다. 오늘날 코끼리와 마찬가지로 매머드도 하루에 약 100리터의 물을 마셔야 했기 때문에 강이나 계곡, 호수 기슭 등 물이 있는 지역에서 많은 시간을 보냈다. 이 모든 것은 매머드의 행동 양식이 현대 코끼리와 매우 유사했음을 시사한다. 그런데 왜 매머드는 멸종했을까?

전문가들은 마지막 빙하기가 끝났을 때 야기된 기후 변화 때문이라고 추정한다. 식물의 생육 경계가 북쪽으로 이동하였고, 강우가 더 자주 발생했으며, 얼음이 녹아 해수면이 상승했고,

빅토리아에 있는 로열 브리티시 컬럼비아 박물관의 털 코끼리 모형.

영구 동토층 역시 녹아, 메말랐던 대초원이 늪지대로 변했다. 엄청나게 거대했던 초식동물들-가장 큰 매머드 종인 남부 매머드의 몸무게는 오늘날 코끼리의 거의 두 배에 달했다-에게 이 늪지대는 죽음의 덫과도 같았다. 초목의 변화와 대초원의 소실은 서식지와 먹이 공급원의 상실로 이어졌다. 매머드의 마지막 개체군은 3,700년 전 시베리아 남동부에서 마침내 멸종했다.

오늘날에도 살아 있는 코끼리의 친족을 추적하기 위해, 우리는 '아프로테리아 Afrotheria' 그룹에 대해 자세히 살펴보겠다. 이 그룹은 총 88종의 포유동물로 이루어진 분자 유전학적으로 정의된 상위 분류군이다. 여기에는 코끼리를 제외하고 잘 알려진 종은 몇몇밖에 되지 않는다. 땅돼지나 클립슬라이더, 마다가스카르 고슴도치, 트렁크점퍼에 대해 들어본 적이 있는지? 거의 알려지지 않은 이 동물들은 각기 다른 개성을 지닌 정말 매혹적인 동물들이다. 이들은 코끼리, 바다소와 함께 앞서 언급한 것처럼 매우 다양한- 마다가스카르 고슴도치는 몸무게가 4그램인데 코끼리는 평균 4톤이며, 바다소는 완전히 수중 생활을 하며 텐렉과에 속하는 황금두더지 쥐는 평생을 땅속에서 살아간다-그룹이다.

아프리카에 사는 클립쉬리퍼Klippschliefer는 무게가 2.5kg에서 4.5kg 사이로, 외모는 다람쥐와 비슷하지만, 다양한 여타의 바위너구리schliefer 종류, 바다소와 함께 코끼리의 가장 가까운 친척에 속한다.

아프로테리아의 분류학은 어느 정도 명확해졌지만 세부 사항에 대해서는 여전히 이견이 있다. 코끼리의 가장 가까운 친족은 유전적으로 입증되고 논란의 여지가 없는 바다소와 듀공뿐만 아니라 슬라이퍼(바위너구리 속) 종도 포함된다. 슬라이퍼는 큰풀쥐나 땅다람쥐 등과 같은 종으로 간주된다. 나무에 사는 나무슬라이퍼는 숲에서, 절벽에 사는 바위슬라이퍼는 산이나 해안의 바위지대, 동굴에서 발견된다. 이 활발한 동물은 최대 50마리가 모여

동아프리카에 사는 붉은어깨코끼리쥐Rotschulter-Rüsselhündchen는 코끼리쥐과Rüsselspringern에 속한다. 이들은 코끼리, 땅돼지, 텐렉Tenreks 및 많은 다른 종들과 함께 아프리카 포유류인 아프로테리아Afrotheria에 속한다.

남아프리카에 사는 금두더지Kapgoldmulle는 금두더지의 아종이다. 그들의 신체 구조와 생활 방식은 두더지를 닮았지만 두더지와는 관련이 없으며, 대신 코끼리와는 먼 친척이다(위).

북아프리카 코끼리땃쥐Elefantenspitzmaus는 코끼리의 또 다른 친척인 주머니쥐에 속한다 (아래)

사는 사회적인 군집 생활을 하며, 수컷이 자신의 무리를 이끈다. 사실 분자생물학 분류학자들은 코끼리와 가장 가까운 동물이 누구인지 논쟁을 벌이고 있다. 머못과 비슷한 슬라이퍼인지 듀공이나 수생 바다소인지 유전자 서열이나 특성을 어떻게 분석하느냐에 따라 여전히 다양한 견해가 존재한다. 코끼리와 바다소가 공통 조상을 가졌다는 가능성을 지지하는 연구도 있다.

물에서 나온 원시 코 동물 혹은 물에서 사는 원시 코 동물

연구자들은 약 4천만 년, 5천만 년 전에 살았던 최초의 초기 코끼리 화석에서 발굴한 두 개체의 치아 법랑질을 분석했다. 시각적으로 두 종의 코끼리는 오늘날의 코끼리와는 매우 달랐을 것이다. 모에리테리움은 하마의 홀쭉한 버전과 닮았고, 바리테리움의 그림은 외모가 매우 뚱뚱한 태피어를 연상시킨다. 전문가들은 당시 동물의 서식지와 먹이에 대한 정보를 제공하는 화석의 산소와 탄소 변이체의 구성을 분석했다. 그 결과 두 종 모두 전적으로 물속에서 살거나 수륙양용, 즉 적어도 삶의 대부분을 민물에서 보냈다는 사실이 분명하게 밝혀졌다.

이 연구는 바다소와 코끼리의 공통 수생 조상에 대한 가설을 뒷받침한다. 솔직히 말해서 물속에서 노는 코끼리를 관찰하면 이 가설에 몇 가지 장점이 있음을 알 수 있다. 오늘날 우리는 코끼리가 코를 스노클처럼 사용하는 것을 보았다. 그러나 이것이 아마도 코끼리 코의 원래 기능은 아니었을 것이다. 초기 코 동물들은 그렇게 발달한 코를 가지고 있지 않았다. 오늘날 코끼리의 코

발달은 아마도 동물의 크기가 커지고, 목이 짧아지고, 두개골이 높이 자리 잡게 되고, 그로 인해 입과 땅 사이의 간격이 늘어난 것과 밀접한 관련이 있을 것이다.

그러나 '아프로테리아'라는 이름은 상위 동물 그룹 공통의 계통학적 기원, 곧 아프리카를 의미한다. 아프로테리아는 아마도 백악기에 남쪽 대륙 곤드와나가 분리된 후 다른 포유류 그룹과 별도로 발전했을 것이다. 이 그룹의 모든 구성원, 즉 코끼리, 땅돼지, 슬라이퍼 등의 공통 조상은 아마도 약 8킬로그램의 무게로 작은 곤충이나 식물을 먹는 초식동물이었을 것이다.

오늘날에도 여전히 살아 있는 아프로테리아의 신체는 진화의 과정에서 각각의 생활 방식에 맞게 완벽하게 적응해 왔다. 개미나 흰개미를 잡아먹는 땅돼지는 분홍빛 갈색 피부, 길쭉한 관 모양의 주둥이, 흰개미가 쌓아 올린 흙더미를 능숙하게 부수는 강한 발톱이 특히 흥미롭다. 안타깝게도 이 동물은 고독하고 야행성이며 지하에 굴을 파고 살기 때문에 매우 드물게만 볼 수 있다. 코점퍼는 적어도 사랑스럽기는 마찬가지다. 겉모습은 다람쥐와 비슷하고 몸길이는 몇 센티미터 더 작고, 길쭉한 코 모양의 주둥이 밑부분에 촉각 돌기가 많이 달려 있다. 그러나 코점퍼와 스피츠마우스, 또는 땅돼지와 개미핥기의 외형적 유사성은 순전히 유사한 생활 방식에 근거한다는 점에 유의하는 것이 중요하다.

이들은 각자의 생태적 특성 안에서 비슷한 도전에 노출되었지만 사실상 서로 관련은 없다. 반면 오늘날 살아 있는 세 종의 코끼리는 매우 다른 서식지에 서식하며, 서로 다른 도전에 직면해 있다. 이에 따라 몸의 크기와 외모, 심지어 나중에 알게 되겠지

수컷과 암컷 사이에는 외모상으로도 큰 차이가 있다. 이 작은 코끼리 무리는 사람에게 잘 적응된 상태이며, 남아프리카 북서부 하지뷰에 있는 크루거 국립공원 근처의 개인 보호구역에서 살고 있다. 수컷인 템보의 어깨 높이를 측정해 보니, 무려 3.4미터에 달했다.

만 엄니가 없는 코끼리까지 서로 달리 적응을 하게 되었다.

아프리카 사바나의 거인

아프리카 사바나 코끼리는 현존하는 코끼리 중 가장 크고 무거운 종이다. 수컷은 어깨높이가 최대 4미터에 달하고 몸무게는 약 7톤까지 나간다. 코끼리의 경우 성별에 따른 외형의 차이가 매우 뚜렷하다. 모든 코끼리 종에서 암수 간의 크기 차이는 정말 엄청나다. 예를 들어 암컷 사바나 코끼리의 몸무게는 수컷보다 평균 3톤 정도 적다. 아프리카 사바나 코끼리의 서식 범위는 사하라 사막 이남, 아프리카 전역에 걸쳐 있으며 케냐와 보츠와나에서 가장 많은 개체 수가 발견된다. 때때로 소위 '사막 코끼리'라는 명칭도 사용된다. 사막 코끼리는 별도의 종이 아니라 극도로 높은 기온, 심각한 물 부족에 특히 잘 적응한 사바나 코끼리다. 나미비아와 말리에서는 여전히 수백 마리의 사막 코끼리 개체 수를 볼 수 있다.

수줍음 많은 숲속 거주자

몸집이 훨씬 작은 아프리카 숲 코끼리는 중앙아프리카, 특히 콩고 분지에 서식한다. 이 지역에는 약 10만 마리의 숲 코끼리가 서식하는 것으로 추정되지만, 안타깝게도 개체 수가 급격히 감소하고 있다. 사바나 코끼리는 IUCN(국제자연보전연맹 International Union for Conservation of Nature)의 멸종 위기종 적색 목록에서 '위험'으로 분류되지만, 숲 코끼리는 '심각한 멸종 위기종'으로 간주된다. 수컷의 최대 어깨높이는 3미터, 몸무게는 4.5톤에 이른다. 숲 코끼리는 또 다른 특징 때문에 둥근 귀 코끼리라고도 불린다. 실제로 아프리카 대륙의 모양과 흡사한 사바나 코끼리의 귀보다 귀 모양이 더 둥글기도 하다. 또한 숲 코끼리의 엄니는 사바나 코끼리보다 덜 구부러져 있고, 사바나 코끼리보다 더 뾰족하고 얇다.

숲 코끼리를 연구하는 것은 특별한 도전이다. 코끼리를 찾기도 어렵고, 찾았다고 해도 울창한 열대우림에서 관찰하기는 더욱 어렵기 때문이다. 미국 코넬대학교에서는 수년 동안 숲 코끼리의 행동과 의사소통에 대한 연구를 진행해 왔다. 이것이 바로 케이티 페인Katy Payne이 설립한 '코끼리 듣기 프로젝트Elephant Listening Project'이다. 그녀는 가장 유명한 코끼리 연구자 중 한 사람으로, 1980년에 코끼리가 초저주파 음역대의 소리를 낸다는 사실을 발견했다. 페인은 중앙아프리카공화국의 잔가-상가 국립공원Dzanga-Sangha-Nationalpark에 있는 '코끼리들의 마을'이라고도 불리는 잔가 바이Dzanga Bai에 연구소를 설립했다. '바이'는 코끼리들이 정기적으로 방문하는 숲속의 개간지다. 이곳에서는 물웅덩이도 자주 발견된다. 바이가 숲 코끼리의 행동과 의사소통을 연구하기에 가장 적합하고 원칙적으로 유일한 장소다.

매머드의 마지막 친척들

아시아 코끼리도 숲 지역에 서식한다. 아시아의 숲은 중앙아프리카의 숲과 마찬가지로 세계에서 가장 아름다운 숲 중 하나다. 이곳은 진정한 생물 다양성의 보고다. 땅에서 나무 꼭대기까지 어느 곳이든 동물을 볼 수 있으며 곤충, 양서류, 새, 포유류가 만들어내는 소리는 정말 놀랍다. 히말라야의 남쪽 산기슭인 네팔의 테라이에 있는 치트완 국립공원Chitwan-Nationalpark을 여행한 기억은 평생 잊을 수 없을 것이다. 나라야니 강의 지류를 가로지르는 구불구불한 나무다리를 건넜던 짜릿한 경험, 모든 것을 더욱 신비롭게 보이게 하는 안개. 어디에서나 동물의 흔적을 찾을 수 있었다. 심지어 호랑이의 흔적도 볼 수 있었다. 이곳은 2018년 박사과정 학생과 함께 몇 주 동안 일했던 아시아 코끼리의 서식지다.

아시아 코끼리는 오늘날까지 살아남은 코끼리 속의 유일한 종이다. 하지만 아시아 대륙에 서식하는 인도 코끼리, 스리랑카에 서식하는 아종, 그리고 같은 이름의 인도네시아 섬에 서식하는 수마트라 코끼리 등 여러 아종이 있다. 어깨높이가 2~3.2m인 수마트라 코끼리는 아시아 코끼리 중 가장 작은 아종이며, 스리랑카와 인도 대륙의 코끼리는 키가 3.5m까지 자라고 무게가 무려 5톤에 달한다. 아시아 코끼리는 멸종 위기 종으로 분류되지만, 수마트라 아종과 숲 코끼리는 더욱 심각한 멸종 위기에 처해 있다.

아시아 코끼리는 크기와 몸무게뿐만 아니라 생김새도 두 아프리카 종과 크게 다르다. 가장 높은 지점은 어깨가 아니라 등에 있다. 아시아 코끼리는 등에 불쑥 솟은 혹이 있는 반면 아프리카 코끼리는 안장 모양의 혹이 있다. 가장 일반적으로 인식되는 차이점은 물론 인도의 지도 모양을 연상시키는 작은 귀다. 두개골은 전체적으로 더 높게 보이며, 정면에서 보면 이마의 중앙이 움푹 꺼져, 돌출된 두 개의 혹을 볼 수 있다.

진화적 이점인 엄니의 소실

그러나 동시에 지역에 따라 동물의 외모에도 상당한 차

인도 아삼의 카지랑가 국립공원Kaziranga-Nationalpark에 서식하는 아시아 코끼리.

이가 있다는 점을 지적하고 싶다. 나는 사바나 코끼리를 통해 이를 가장 잘 알 수 있었다. 일부 개체군에서는 코끼리가 더 크고 날씬한 반면, 다른 지역에서는 더 넓고 단단해 보인다. 그러나 가장 눈에 띄는 차이는 엄니의 모양에서 찾을 수 있다. 사바나 코끼리 암컷의 약 10%는 엄니가 발달하지 않았다. 사바나 코끼리에게 엄니가 없다는 것은 사실 사바나 코끼리에게 불리한 점이다. 엄니는 방어용으로 사용되며, 뿌리를 파는 등 먹이를 찾는 데도 사용되기 때문이다. 그러나 일부 개체군에서는 오늘날 훨씬 더 높은 비율로 엄니가 없는 것으로 기록되고 있다. 이러한 사례는 아프리카 남부의 아도 코끼리 국립공원과 고롱고사 국립공원(Gorongosa-Nationalpark)의 연구 개체군을 비교해 보면 확연한 차이가 보인다. 모잠비크 고롱고사에서는 성인 암컷의 50% 이상, 아도에서는 그보다 훨씬 많은 98% 이상이 엄니가 없다. 여기에는 단순하고 또 슬픈 이유가 있다. 수십 년에 걸친 밀렵으로 인해 두 곳 모두 개체 수가 고작 몇 마리 수준으로 줄어들었기 때문이다. 고롱고사에서는 1977년부터 1992년까지, 아도에서는 1800년부터 1920년까지 이런 일이 발생했고, 보호 조치 강화로 개체 수가 회복되자 엄니 없이 태어난 암컷이 점점 더 많아졌다. 상아를 노리는 밀렵꾼들에게는 관심 밖의 존재였던 엄니 없는 어미의 딸로 태어난 것이다. 수컷의 경우 이 돌연변이는 치명적인데, 이것이 유전되면 수컷은 배아 상태에서 죽어버린다. 결국 엄니가 없는 암컷만 태어나는 것이다.

  이 발달은 인간이 동물의 진화에 어떻게 영향을 미치는지를 보여주는 선명한 예시다. 엄니가 작거나 없는 코끼리는 생존 확률이 더 높았다. 진화적으로 불리한 조건이 인간의 밀렵이란 압력으로 인해 이 동물들에게 이점이 된 것이다. 급격한 선택으로 인해 사바나 코끼리의 특징적인 형질인 엄니가 사라지게 된 것이다.

　　　　진화는 빅뱅 이래로 계속되어 왔으며 결코 끝나지 않는 과정이다. 코끼리의 경우 약 5,500만 년 동안 진화가 계속됐다. 그러나 엄니가 없는 코끼리의 선택은 인간이 지난 수십 년 동안 코끼리를 포함한 많은 생물의 발달에 어떻게 영향을 미쳤는지를 보여 주는 예다.

제 5 장

코끼리들은 어떻게 의사소통을 할까 1
: 음향학과 지진학

2,000년에 논문을 시작할 당시 최고의 코끼리 연구자였던 케이티 페인Katy Payne의 책 『고요한 천둥소리Stiller Donner』를 읽었다. 나는 그 전에 이미 다른 과학 서적을 통해 그녀의 이름을 익히 알고 있었다. 페인은 코끼리가 초저주파 음역의 소리로 의사소통한다는 사실을 최초로 입증한 사람이었다. 그녀는 선풍적인 인기를 얻은 이 책에서 코끼리의 울음소리를 먼 곳에서 울리는 천둥소리에 비유함으로써 자신이 파악했던 코끼리의 소리를 개인적인 관점에서 설명했다.

코끼리의 청각적 의사소통에 관한 초기 연구를 쉰브룬 동물원에서 시작한 나는 처음에는 이 설명이 그다지 매력적으로 느껴지지 않았다. 아마도 항상 동물들과 아주 가까이 있었기에 작은 소리까지 명확하게 감지할 수 있었기 때문이었다. 하지만 몇 달 후 크루거 국립공원에 있는 코끼리 무리의 울음소리를 처음으로 멀리서 듣게 되었고, 그제야 페인의 말이 무슨 뜻인지 이해하게 되었다. 그 소리가 코끼리들이 내는 소리임을 알기 위해서는 당연히 그 소리를 코끼리와 연결해야만 한다. 그렇지 않으면 그저 조용하고 깊은, 먼 곳에서의 울림으로만 듣게 될 것이다.

"코끼리 언어" : 웅웅거림

코끼리가 '웅웅거린다rumbeln'는 것은 비교적 오래 전부터 알려져 왔다. 하지만 코끼리의 울음소리가 복부에서 나는 소음이란 오해가 있었다. 하지만 1980년대 이후 케이티 페인의 획기적인 연구를 통해 코끼리의 웅웅거림은 적절한 독일어 용어가 없는, 의식적인 의사소통을 위한 소리라는 사실이 알려지기 시작했다. 물론 이 사실은 언론의 관심을 끌었고 코끼리의 청각적 의사소통에 관한 기사에서는 종종 '코끼리의 비밀스러운 언어'라는 표현을 쓰기도 했다. 심지어 페인의 책에서도 이렇게 부제가 붙어 있다. 하지만 이것은 근거가 있는 주장일까, 아니면 그저 홍보를 위한 과장된 표현일까? 코끼리는 정말 우리 인간이 들을 수 없는, 숨겨진 비밀의 언어를 가지고 있을까?

기본적인 것부터 시작해야겠다. 코끼리는 인간을 포함한 대부분의 동물과 마찬가지로 다양한 방식으로 서로 의사소통을 한다. 서로 마주 보고 있을 때에는 코끼리에게도 시각적 신호와 움직임, 즉 몸짓 언어가 중요하다. 화학적 신호는 번식이나 동족의 건강 상태를 확인하는 맥락에서 중요한 역할을 한다. 코끼리의 화학적 신호는 일정 기간 일정하게 유지되는 양상으로 드러난다. 예를 들어 수컷이 발정기에 들었다거나 암컷이 짝짓기를 할 준비가 되었다는 신호 등이다.

그러나 나무나 덤불에 가로막혀 직접 눈을 마주치지 못하거나 무리와 한층 적극적으로 소통하고자 할 때, 그리고 다른 코끼리들과 자연스럽게 상호작용을 하거나 잠재적인 짝짓기 상대를 찾고자 할 때에는 울음소리가 필요하다. 그러므로 청각적 의사소통은 모든 코끼리 종에서 적극적이고 의식적인 상호작용을 위한 가장 중요하고 지배적인 소통의 방식이다. 음성을 통한 의사소통의 장점은 음파가 모든 방향으로 전파되고 장거리에서도 작동하는 전방향성이라는 점이다.

동물계에서 소리는 가장 보편적인 의사소통의 형태이다. 거의 모든 매체(물, 공기, 땅)를 통해 정보를 정확하고 빠르게 전달할 수 있다. 원격통신에 특히 적합한 것은 저주파 음역이다. 음파의 길이는 주파수의 깊이에 따라 함께 증가하기 때문이다. 이에 대한 공식은 파장 λ는 음속 c를 주파수 f로 나눈 값인 $\lambda=c/f$와 같다. 주파수는 초당 진동 횟수이며 헤르츠(Hz)로 표시된다. 즉 주파수와 파장 사이에는 일정한 관계가 있으며, 주파수가 낮을수록 음파의 길이가 길어진다. 예를 들어 기온이 20도일 때 음파의 속도는 초당 343미터다. 따라서 10헤르츠의 주파수에서 음파의 길이는 약 34미터($\lambda=343/10=34.3$미터)다. 이 정도 크기의 음파를 멈춰 세우기는 쉽지 않다. 예를 들어 10미터 너비의 둥치가 있는 나무가 가로막고 있다면 음파는 그 주위를 휘감아 감쇄 없이 계속 앞쪽으로 전파된다. 음파는 파장보다 지름이 더 큰 물체에 부딪힐 때에야 비로소 멈춘다.

코끼리는 이러한 소리의 물리적 특성을 활용하여 멀리 떨어진 동료와의 의사소통을 위한 호출음으로 웅웅거리는 소리를 사용한다. 코끼리가 매우 큰 소리로 웅웅거리면 최대 110데시벨에 달하는데 이는 팝 콘서트장의 음량과 거의 비슷한 수준이며, 최대 4km 거리에 있는 다른 코끼리들도 이 소리를 들을 수 있다. 하지만 코끼리의 실제 소리 범위는 주변 온도나 습도, 바람, 날씨 등 여러 요인에 따라 달라진다.

나는 아도 국립공원에서 동료인 안톤 바오틱Anton Baotic, 막심 가르시아Maxime Garcia와 함께 코끼리 소리가 전파되는 실상에 관한 실험을 진행한 적이 있다. 우리는 코끼리들이 실제 어느 정도의 거리에서까지 소리를 인지하는지 알고 싶었다. 맞춤형 서브우퍼를 사용하여 코끼리 울음소리를 녹음하고 마이크로 재생하였다. 그리고 마이크를 25미터에서 2,000미터까지 거리에 따라 다양하게 배치하였다. 소리의 크기는 항상 104데시벨의 동일한 강도로 재생했다. 이는 매우 높은 음량이지만 우리 인간은 출력된 소리를 매우 작은 소리로만 인식했다. 가끔은 인간의 지각이란 틀에 갇혀서 왜 이렇게 조용하게 소리를 재생하는지 의아해하고 또 짜증이 날 수도 있다. 그러나 코끼리 울음소리 대부분은 사람의 청각 범위를 넘어서는 저주파 영역에 속한다.

비엔나대학교의 행동 및 인지 생물학 부서에서 서브우퍼를 처음 테스트했을 때를 생각하면 미소가 떠오른다. 테스트를 목적으로 100데시벨의 10헤르츠 사인파를 재생했는데, 이는 순수한 10헤르츠 주파수로만 구성된 소리다. 사람은 이 소리를 들을 수는 없지만 느낄 수는 있다. 소리의 진동을 몸으로 느끼는 것이다. 사무실에 있던 다른 동료들은 우리가 서브우퍼를 테스트하고 있다는 사실을 사무실의 모든 창문과 유리가 진동하는 것을 느끼고는 알아차렸다. 마치 지진이 일어난 것 같았다. 그들은 사무실 밖으로 고개를 내밀거나 약간 놀란 표정을 짓기도 했지만, 무슨 일인지 알고 난 다음에는 테스트를 함께 지켜보았다. 과학자들은 이런 순간을 통해 인간의 지각은 청각에도 한계가 명확하다는 사실을 깨닫게 된다.

다시 아도에서의 실험으로 되돌아가 보자. 우리는 주변 조건에 따라 매우 다른 결과를 얻었다. 코끼리들은 웅웅거리는 소리를 때로는 400미터 거리까지만 감지할 수 있었고, 특히 바람이 불지 않고 습도가 높은 이른 아침에는 2,500미터 거리에서도 신호를 선명하게 포착했다. 그런데도 거리가 멀어질수록 소리가 변하기 때문에 20미터 거리에서 코끼리가 웅웅거리는 소리의 음향 구조는 2,000미터 거리에서 들리는 소리와 다르고, 코끼리 역시 다르게 인지하는 것이 분명해 보였다. 여기서 소리가 어떻게 전달되는지 알아보려면 먼저 웅웅거리는 소리가 애초 어떻게 생성되는지 살펴볼 필요가 있다.

사람은 들을 수 없는 '비밀의 언어'

코끼리는 후두의 크고 거대한 성대를 이용해 웅웅거리는 소리를 내는데, 이는 인간이 말하고 노래하는 것과 같은 방식이다. 성대는 폐에서 나오는 공기의 흐름에 의해 진동을 일으키며 목소리의 기본 음색을 만들어 낸다. 하지만 인간의 성대는 코끼리의 성대보다 훨씬 작고 짧기 때문에(길이가 10~12센티미터 정도) 인간의 목소리는 더 고음을 낸다. 여기에는 법칙이 있다. 성대의 크기가 클수록 생성되는 소리의 주파수가 낮아진다는 사실이다. 성인 암

보츠와나에서 암컷 코끼리 모룰라Morula와 함께 작업하며 그녀의 소리를 음향 카메라로 기록했다. 여기 사진에서는 모룰라가 웅웅거리고 있다. 사진에서 볼 수 있듯이 웅웅거리는 소리는 코를 통해 나오고 있다.

컷 코끼리의 웅웅거리는 소리가 지닌 기본 주파수는 일반적으로 약 14~18헤르츠인 반면, 수컷의 경우 8~10헤르츠로 그보다 더 낮은 범위다. 일반적으로 코끼리는 클수록 웅웅거리는 소리의 주파수가 낮아지는 것이다. 작은 새끼 코끼리는 당연하게도 더 높은 주파수 범위에서 발성하며 아직 저주파가 아니다.

코끼리의 웅웅거리는 소리는 기본 주파수와 고주파 등 여러 가지 주파수로 구성된다. 코끼리 가까이 서 있으면 이러한 고주파 때문에 코끼리의 웅웅거리는 소리를 사람도 인식할 수 있다. 고주파는 주파수가 높고 파장이 짧기 때문에 거리가 멀어질수록 더 빨리 감쇄한다. 수백 미터가 지나면 인간에게는 더 이상 들리지 않는 저주파 소리만 계속 전파된다. 현장에서 코끼리의 소리를 녹음할 때, 아무리 좋은 마이크와 좋은 헤드폰을 사용하더라도 데이터로 수집된 소리는 실제 감지된 소리의 약 4분의 1 정도만 들을 수 있다. 실제 청각적으로 어떤 소리가 들리는지는 나중에 컴퓨터에서 녹음된 내용을 분석해야만 명확해진다. 이런 점이야말로 나는 코끼리의 웅웅거리는 소리가 '코끼리의 비밀 언어'라고 할 수 있는 결정적인 증거라고 생각한다.

'코끼리의 어휘': 소리와 그 의미

누군가가 내게 코끼리의 발성을 구성하는 소리가 몇 가지나 되는지 구체적으로 알려 달라고 묻는다면 대답하기 어렵다. 구체적인 숫자를 제시하는 것은 사실상 불가능하다. 확실한 것은 코끼리가 내는 웅웅거리는 소리가 유일한 코끼리의 소리가 아니며, 종에 따라 코끼리들이 사용하는 음성의 종류에는 차이가 있다

여기서 들을 수 있는 트럼펫 소리는 코끼리가 흥분할 때 긴 코를 통해 강한 공기를 내뿜어 생성한다. 이는 놀이를 하거나 짝짓기를 할 때 내는 소리이기도 하다(오른쪽). 반면에 짖는 소리(왼쪽)는 놀란 상황에서 개가 내는 소리와 비슷하며, 이 음성 녹음이 끝난 뒤에는 웅웅거리는 소리가 따라온다.

는 것이다.

모든 코끼리 종은 몇 가지 잘 정리된 소리 유형을 가지고 있지만, 그 양상은 매우 다르다. 같은 소리는 하나도 없다. 게다가 우리가 아직 개별 소리의 실제 의미에 대해 아는 것이 거의 없다는 사실도 놀랍다. 코끼리 소리를 들려주면 코끼리의 대략적인 나이와 때로는 성별, 감정 상태 또는 흥분의 정도를 추정할 수는 있지만, 이 소리가 정확히 어떤 상황이나 행동에서 비롯된 것인지는 알 수 없는 경우가 대부분이다. 의사소통의 내용에 대해서는 더욱이 알려진 바가 거의 없다. 또한 코끼리가 서로 어떤 의사소통을 하는지도 아직 많이 알려지지 않았다. 하지만 먼저 코끼리의 개별적인 소리 유형을 분석해 보겠다.

웅웅거리는 소리 외에도 트럼펫 소리는 코끼리가 내는 특징적인 소리다. 이 소리는 매우 흥분한 상황에서 코를 사용해 공기를 강하게 내뿜어서 내는 소리다. 이 소리는 긍정적인 흥분일 수도 또는 부정적인 흥분일 수도 있다. 코끼리는 서로 인사할 때, 짝짓기나 출산할 때뿐만 아니라 공격적일 때에도 트럼펫 소리를 낸다. 아도에서 나는 스무 살짜리 수컷 코끼리가 다른 코끼리들을 쫓아가면서 큰 소리로 트럼펫 소리를 내는 것을 관찰한 적이 있다.

코끼리는 우리 차 앞에서도 트럼펫 소리를 울리며 우리를 쫓아낸 적이 있다. 그것으로 미루어 보아 쫓아버리는 것이 더 낫다는 것을 보여주고 싶을 때 위협으로 활용하는 것 같다. 어린 코끼리들은 놀 때, 신나게 날뛸 때, 또는 기니피그나 멧돼지 등 무언가를 쫓을 때 종종 트럼펫 소리를 울린다. 하지만 코끼리들이 이 소리를 내려면 먼저 배워야만 한다. 새끼 코끼리들이 제대로 된 트럼펫 소리를 내기까지는 몇 주가 걸린다.

   코로 내는 또 다른 소리는 코를 고는 듯한 소리다. 이것은 충동적으로 코로 공기를 내뿜는 것과 비슷하지만 이 경우 전형적인 코 고는 소리는 아니다. 때때로 코끼리는 단순히 콧속을 청소하기 위해 코를 푸는 경우도 있지만, 이것은 코 고는 소리와는 엄연히 다르다. 코 고는 소리는 의도적인 신호이며, 종종 귀를 열고 머리를 갑작스럽게 좌우로 움직이는 소위 '머리 털기'와 결합해 위협의 신호가 되기도 한다. 코끼리는 겁을 먹거나 놀랐을 때도 코 고는 소리를 내지만 이때에는 고개를 흔들지 않는다. 그밖에도 울부짖는 소리인 '포효'가 있다. 이 소리는 상황과 스트레스 수준에 따라 크게 달라진다. 그러나 트럼펫과 달리 포효는 항상 불쾌감을 나타내므로 코끼리가 두려워하거나 고통스럽거나 다른 방식으로 스트레스를 받고 있다는 신호다. 하지만 여기에서도 뉘앙스가 중요하다. 예를 들어 젖을 빨고 있는 어린 코끼리를 건드리는 경우 불안감을 느껴 항의하는 포효는 새끼 코끼리가 무리에서 분리되었을 때와 같은 공황 상태에서 내지르는 포효와는 다르게 들린다.

   코끼리는 놀란 상황에서 겁을 먹거나 항의할 때 소위 '짖는 소리'라고 불리는 소리도 낼 수 있다. 갓 태어난 새끼 코끼리

여기서 들리는 매우 높은 고주파의 끽끽거리는 소리는 아시아 코끼리의 특징적인 소리다. 이 소리는 다른 코끼리들에게서는 듣기 드문 경우이며, 여기에는 특별한 기술이 숨겨져 있다.

에게서는 아주 특별한 소리도 들을 수 있는데, 바로 끙끙거리는 소리다. 이 소리는 매우 조용한 소리로, 주로 갓 태어난 새끼 코끼리와 어미 사이에 이루어지는 소통이며, 지속적인 접촉을 유지하는 데 사용된다. 이 소리는 가능한 한 조용해야 하며 포식자 등 다른 동물에게 들리지 않아야 한다. 새끼 코끼리는 생후 첫 두 달 동안만 이 소리를 사용한다.

끽끽거리는 소리 - 아시아 코끼리의 특별한 소리

아시아 코끼리에게는 특이한 점이 있다. 바로 '끽끽거리는 소리'라고 불리는 아주 높은 주파수의 날카로운 소리를 낼 수 있다는 것이다. 이들은 긍정적인 상황이나 부정적인 흥분 상황-예컨대 지나가는 개나 자동차에 방해 받을 때-에서 트럼펫 소리와 비슷하게 이 소리를 내곤 한다. 그러나 공격 중이거나 공포나 공황 상태에서는 끽끽거리는 소리를 내지 않는다. 그런 경우에는 트럼펫 소리를 내거나 포효한다.

끽끽거리는 소리는 최대 2,000헤르츠의 주파수에 도달하는데, 이 정도 크기의 동물로서는 놀랍도록 높은 소리다. 코끼리의 거대한 성대는 진동을 통해 이렇게 높은 주파수를 낼 수 없다. 따라서 코끼리는 다른 방법을 개발했는데, 트럼펫 연주자가 소리를 내기 위해 사용하는 입술 모양과 유사하게 긴장된 입술의 좁은

틈으로 공기를 내보내 진동을 일으킨다. 힘을 잔뜩 넣은 입술로 소리를 내는 이 기술은 동물계에서는 매우 독특한 것으로 알려져 있다.

코끼리는 다양한 발성법을 사용할 수 있지만, 웅웅거리는 소리는 코끼리가 가장 자주 사용하는 발성법이다. 코끼리는 거의 모든 상황에서 웅웅거리는 소리를 내며, 종종 앞서 설명한 여러 유형의 소리와 함께 사용한다. 웅웅거리는 소리는 상황에 따라, 흥분의 정도와 호르몬 상태에 따라 달라진다. 또한 웅웅거리는 소리는 개별적으로 다르며 그 소리를 듣고 동물의 나이, 크기 및 성별을 추론할 수도 있다. 코끼리는 소리 속에 많은 정보를 담고 있는 것이다.

나는 코끼리의 의사소통 시스템을 이해하기 위해 20년 동안 코끼리의 언어를 연구해 왔다. 의사소통 방식을 통해 코끼리의 삶과 사고방식에 대한 통찰력을 얻을 수도 있었다. 또한 코끼리의 언어가 우리 언어와 어떤 점에서 비슷하며 또 차이가 있는지, 그리고 왜 그러한 언어가 발달했는지에 관해서도 관심이 많다.

이를 제대로 이해하기 위해서는 소리의 생성과 소리의 양상 그 자체부터, 동료들과의 소통을 비롯한 소리의 의미와 기능에 이르기까지 코끼리 의사소통의 모든 측면을 살펴보아야 한다. 동물 생리학, 호르몬의 균형, 행동 생물학도 고려해야 한다. 소리가 생성되는 방식과 감정, 흥분의 정도, 호르몬의 상태와 같은 내부 요인이 소리의 구조와 복잡성에 영향을 미치기 때문이다. 이러한 다양성을 포착하기 위해서는 적절한 측정 도구가 필요하다. 이러한 도구 중 하나가 바로 '음향 카메라'로, 이를 통해 웅웅거리는 소리가 다양한 방식으로 생성된다는 것을 확인할 수 있다.

'음향 카메라'로 소리를 시각화하다

음향 카메라는 여러 개의 마이크(종류에 따라 48개에서 96개의 개별 센서가 달린 마이크)로 구성되며, 이 마이크는 특수한 배열로 정렬되어 있고, 카메라에 연결되어 있다. 소리는 개별 센서에 따라 약간의 시간차를 두고 도달하며, 그 결과로 나타나는 최소한의 시간차까지 고려하여 컴퓨터 프로그램이 음원의 정확한 위치를 계산한다. 소리는 열화상 카메라의 이미지와 유사하게 비디오에 색상으로 표시된다. 붉은색은 높은 소리 에너지를 나타내며, 조용한 소리는 다양한 파란색 음영으로 표시된다. 예를 들어 코끼리의 경우 이 방법을 사용하면 소리가 코를 통해 나오는지 입을 통해 나오는지 확인할 수 있다.

모든 웅웅거리는 소리의 발원지는 후두의 성대에 있지만, 그 후 소리는 입을 통해 혹은 코를 통해 빠져나간다. 또 최근 아시아 코끼리에게서 발견한 것처럼 입과 코를 동시에 통과해 빠져나가기도 한다. 따라서 소리는 비강 또는 구강 성대라는 서로 다른 경로를 통과하여 소리 구조에 영향을 미친다. 목구멍, 입, 코와 같은 음성 트랙에 따라 주파수를 증폭하거나 감쇄시키는 공명이 발생한다. 웅웅거리는 소리가 입을 통해 방출되면 높은 주파수가 증폭되고, 코를 통해 빠져나가면 낮은 주파수가 더욱 강조된다. 여기에는 치아, 혀, 코 근육과 같은 발성 트랙의 해부학 및 구조와 관련이 있다. 그러나 일반적으로 말하면, 음성 트랙이 길수록 강화된 주파수 성분은 더 낮아진다. 코끼리는 코가 길기 때문에 동물계

쇤브룬 동물원에 있는 암컷 몽구Mongu. 이 사진은 몽구가 입을 통해 소리를 내는 모습을 보여준다.

에서 가장 긴 코 음성 트랙을 가지고 있으며, 성대에서 코끝까지의 길이를 측정하면 3미터가 넘는다.

    아프리카 코끼리에 대한 음향 카메라를 이용한 연구를 통해 우리는 몇몇 새로운 발견을 할 수 있었다. 코끼리는 필요한 기능에 따라 발성하는 방법을 매우 구체적으로 다르게 사용하는데, 장거리의 접촉 호출은 항상 코를 통해 발성을 내며, 이는 아마도 저주파에 더 많은 음성 에너지를 부여하기 위한 것으로 보인다. 물론 이는 특히 장거리의 접촉 호출을 위한 소리일 때 의미가 있다. 알다시피 주파수가 낮을수록 음파가 길어지고 더 잘 전파될 수 있기 때문이다. 반면에 인사하는 상황에서는 입을 통해 또는 코와 입을 동시에 사용하여 더 자주 발성하기 때문에 소리 에너지가 다르게 분배되고 소리에 다른 의미를 부여한다. 여기서 소리의 주파수는 상대방이 이미 그곳에 있기 때문에 그다지 중요하지 않다.

코끼리가 입과 코로 동시에 발성을 낼 수 있다는 사실은 네팔의 타이거 탑Tiger Tops(지속 가능하고 압도적으로 친환경적임을 내세우는 네팔의 여행지-옮긴이 주)에서 아시아 코끼리들과 함께 작업하면서 깨닫게 되었다. 오랫동안 대부분의 포유류는 인간에 비할 때 소리를 내기 위해 음성 트랙을 변형할 수 있는 여지가 훨씬 적다고 추정됐다. 예를 들어, 인간은 개별 소리를 내기 위해 혀의 위치를 바꾸거나 입술의 모양을 바꾸기도 한다. 그리고 입천장을 열면 구강과 비강의 공명을 결합할 수도 있다. 이렇게 하면 콧소리가 만들어진다. 일부 언어에서는 단어의 의미가 바뀌기도 하는데, 예를 들어 프랑스어에서 보beau[bo]는 '아름답다'라는 뜻이고 코로 발음되는 봉bon[bõ]은 '좋다'라는 뜻이다. 코끼리도 이와 같은 구강과 비강을 결합하여 소리를 낼 수 있다는 사실을 박사 과정 학생인 베로니카 벡Veronika Beeck이 발견했다. 실제 우리의 연구는 비강과 구강 트랙이 실제로 결합할 수 있다는 것을 동물계 전체에서 최초로, 과학적으로 증명한 것이다. 이는 사슴이나 바다코끼리와 같은 동물의 경우 그 가능성이 이미 제기되어 왔지만 아직 입증되지는 않았다.

두 마리 코끼리의 세 가지 소리: 다성의 거장

베로니카는 네팔에서 한 마리 코끼리가 두 가지 목소리를 내는 훌륭한 사례를 녹화할 수 있었다. 코끼리들은 강가에서 목욕을 즐기고 있었다. 처음에는 물속에서, 그다음에는 물 밖에서 모래 목욕을 하고 있었다. 떠날 시간이 되자 사이좋은 암컷 코끼리 두 마리가 나란히 서서 목소리를 냈다. 다행히도 베로니카와 동료들이 음향 카메라를 두 동물에게 맞추고 있었고, 이 장비 덕분에 복잡한 소리를 포착할 수 있었다. 두 코끼리는 동시에 세 가지 다른 소리, 즉 두 가지 고주파의 끽끽거리는 소리와 하나의 저주파 코 고는 소리를 내는 것이 분명했다. 음향 카메라 프로그램은 개별 주파수의 출처를 정확하게 파악하는 데 사용할 수도 있는데, 한 암컷은 입으로 고주파의 끽끽거리는 소리와 코로 쿵쿵거리는 소리를 동시에 내는 것으로 밝혀졌다. 이것은 코끼리가 두 가지 다른 메커니즘을 사용하여 동시에 두 가지 소리를 낼 수 있다는 증거다. 두 가지 소리를 완벽히 표현하고 있었던 것이다.

하지만 코끼리는 이뿐만 아니라 다양한 종류의 소리를 능숙하게 조합할 수 있다. 코끼리는 보통 포효나 짖는 소리와 웅웅거리는 소리를 결합하여 더 복잡한 소리를 만들어내기도 한다. 내가 2019년에 국제 동료 연구팀과 함께 발표한 연구에서는 아시아, 아프리카 사바나, 아프리카 숲 코끼리의 소리 조합을 비교했다. 우리는 세 코끼리 종의 소리 조합 방식에 차이가 있는지에 관심을 가졌다.

그리고 이 연구에서는 명백한 차이가 나타났다. 아시아 코끼리와 아프리카 사바나 코끼리는 웅웅거리는 소리와 포효를 나란히 연결하는 경향이 있는 반면, 아프리카 숲 코끼리는 이 두 가지 소리의 복합적인 조합을 자주 동시에 사용하였다. 때로는 두 개의 웅웅거리는 소리와 그 사이에 포효, 때로는 두 개의 포효 사이에 웅웅거리는 소리 등으로 구성된 세 가지 소리를 동시에 내기도 했다. 아프리카 사바나 코끼리는 보통 무리에서 분리될 때 두 개의 웅웅거리는 소리와 포효의 세 가지 조합을 사용하지만, 아시아 코끼리는 불안감을 느낄 때 이러한 유형의 조합을 만들어낸다.

이것은 일련의 궤변처럼 들릴 수 있지만 현재 우리는 개별 조합의 정확한 의미에 대해 아는 바가 너무나 적다. 그럼에도 불구하고 이러한 미묘한 구분은 나중에 중요한 역할을 하거나 큰 퍼즐을 맞출 때 결정적인 역할을 하는 빠진 즈각이 될 수 있다. 현재로서는 그 의미를 자세히 설명할 수 없지만 연구 결과에 따르면 아시아와 아프리카 사바나 코끼리가 아프리카 숲 코끼리보다 더 유사한 소리 조합을 사용하는 것으로 나타났다. 아프리카 종들 사이의 계통학적으로 더 가까운 관계는 이러한 유형의 의사소통 방식에는 영향을 미치지 않은 것으로 보인다.

창의적인 소리 개발자인 코끼리……

이러한 소리의 변화와 조합 외에도 코끼리의 소리는 또 다른 중요한 특징을 가지고 있다. 코끼리는 소위 '음성 학습자'라고 불리는 몇 안 되는 포유류 중 하나다. 즉, 코끼리는 들은 소리를 모방하거나 심지어 새로운 소리를 만들어낼 수 있음을 의미한다. 학습은 동물의 의사소통 체계에서 다양한 방식으로 작용할 수 있다. 동물은 특정 소리에 반응하는 방법과 언제 어떤 소리를 사용해야 하는지 배울 수 있다. 이러한 형태의 학습은 동물계, 특히 포유류와 조류에서 비교적 흔하게 볼 수 있다. 그러나 소리를 모방하는 능력, 즉 들은 소리를 그대로 모방하는 능력은 동물계에서 비교적 드물다.

우리는 명금songbirds과 앵무새에게 이 능력이 있음을 알고 있으며, 포유류 중에서는 고래(참돌고래와 이빨고래, 돌고래 포함), 물개, 박쥐, 코끼리만이 이 능력을 습득했다. 이러한 유형의 학습은 아프리카 사바나 코끼리와 아시아 코끼리에게서도 입증되었으며, 지금까지는 인간의 보호를 받고 다른 '소리 문화'와 접촉한 동물에게서만 나타났다. 오랫동안 아시아 코끼리들과 함께 사육되어 그들의 끽끽거리는 고주파 소리를 모방하는 법을 배운, 아프리카 코끼리의 몇몇 예가 그러하다.

  이 코끼리 중 한 마리는 드레스덴 동물원에 살고 있는 암컷 코끼리 사우Sawu다. 사우는 아시아 코끼리 암컷과 오랫동안 같은 우리에서 지냈기 때문에 그 코끼리에게서 끽끽거리는 소리를 배웠다고 추정할 수 있다. 하지만 사우는 아시아 코끼리처럼 입술을 진동시키는 대신 코라는 다른 소리 생성 메커니즘을 사용한다는 사실을 확인할 수 있었다. 사우는 오른쪽 콧구멍을 닫고 왼쪽 콧구멍을 통해 공기를 흡입한다. 이렇게 하면 코 조직이 진동하여 아시아 코끼리의 소리와 매우 유사한 고음의 끽끽거리는 소리를 낼 수 있게 된다.

  두 살 때 로마 동물원의 아시아 코끼리 무리에 합류해 18년 동안 그곳에서 지낸, 유일한 아프리카 코끼리였던 수컷 코끼리 칼리메로Calimero 역시 아시아 코끼리 소리를 흉내 내는 법을 배웠다. 칼리메로는 아마도 같은 '언어'를 사용함으로써 무리와 더 잘 통하고자 하는 유대감을 형성하려고 했던 것 같다. 이는 인간과 코끼리도 비슷한 것 같다. 특히 코식이Koshik의 경우는 한국어로 몇 가지 단어를 '말하기'도 했다.

······ 그리고 놀라운 언어 모방자

2012년, 나는 이 말하는 코끼리를 더 자세히 연구하기 위해 독일 동료 다니엘 미첸Daniel Mietchen과 함께 한국을 방문했다. 당시 코식이는 스무 살이었고 용인 에버랜드 동물원Everland Zoo의 스타였다. 말하는 앵무새에 익숙하지만 코끼리가 사람의 말을 흉내 낼 수 있다는 것만으로 인기를 끌기에 충분하지 않은가! 코끼리 연구자인 내게도 코식이의 행동은 엄청난 충격이었다. 실제로 코식이는 '안녕'(hallo), '안자'(setz dich), '아니야'(nein), '누어'(leg dich hin), '조아'(gut) 등 다섯 가지 한국어 단어를 구사하고 있었다.

코식이의 언어 모방은 여러 가지 방법으로 확인되었다. 먼저 한국인들에게 코식이가 모방하는 말을 들려주었고, 그 사람들은 들은 것을 다시 구두로 녹음하고 서면으로 기록했다. 그 결과 의미와 철자 모두에서 높은 일치도를 보여 우리는 놀랐다. 코식이의 모방과 사육사의 발화, 그리고 '정상적인' 코끼리 소리와 소리 구조를 비교했다. 비교 결과 코식이가 모방한 소리는 자연스러운 코끼리 소리와는 분명히 달랐지만, 사육사 말의 음조나 소리와는 아주 유사했다.

이 코끼리의 몸무게는 약 5톤에 달하고 음성 트랙, 즉 성대에서 입 입구까지의 길이는 약 110센티미터로 추정되는데, 이는 사람의 길이보다 몇 배나 길어 저주파를 증폭시킬 수 있었다. 그리고 인간과 코끼리의 일반적인 해부학적 차이점도 있다. 코끼리는 코가 있고 사람과 같은 입술이 없는데, 이 입술은 사람의 발음에 매우 중요한 역할을 하는 것이다. 그래서 코식이는 소리를 내는 다른 방법을 고안해 냈다. 자신의 코를 입에 넣어 구강을 공명

여기에서 한국어로 몇 마디를 하는 코식이의 소리를 들을 수 있다. 처음에는 '안녕'이라고 말하는 조련사의 목소리가 들리고, 그 다음 코식이가 이를 모방한다.(오른쪽) 두 번째 예에서는 조련사가 '좋아'라고 말하고, 다시 코식이가 그를 따라 말한다.(왼쪽)

실로 개조한 것인데, 이는 정말 뛰어난 인지적, 창의적 성과가 아닐 수 없었다.

코식이가 사육사를 모방하는 이유를 완전히 밝혀내지는 못했지만, 이러한 행동은 어린 코끼리 시절의 경험과 관련이 있는 것으로 추정된다. 코식이는 5살 때부터 몇 년 동안 에버랜드 동물원에서 유일한 코끼리였고, 이 시기에는 사육사들이 코식이의 주요 사회성 형성의 대상이었다. 따라서 코식이는 인간 '동료'와의 사회적 유대감을 강화하기 위해 사육사들의 발성에 맞춰 발성법을 개발했을 가능성이 높다. 덧붙이자면 지금 그는 다른 코끼리들과 함께 사육되고 있다.

나는 지난 10년 동안 소리를 모방할 뿐만 아니라 소리를 창조적으로 발명한 많은 사례를 수집했다. 코끼리는 다양한 방식으로 목소리를 가지고 놀며, 동물원이나 다른 우리에서 지루한 나머지 가끔 놀이를 하기도 한다. 하지만 이는 행동 장애가 아니다. 코끼리들이 소리를 낸다는 것은 매우 창의적이기 때문이다. 반면에 일반적으로 하는 행동은 예를 들어 하나의 동일한 동작을 자주 반복하는 것이 특징이다. 코를 비틀고, 코끝을 맞대고, 공기를 내보내거나 빨아들이면서 다양한 소리를 만들어낸다.

코끼리의 소리 사용역에 대한 구체적인 수치를 제시하

는 것이 불가능한 것은 바로 이러한 음성의 창의성, 즉 소리를 모방하고 재창조하고 수정하고 결합하는 능력 때문이다. 고음의 끽끽거리는 소리는 실제로 아프리카 코끼리의 '어휘'에는 없지만, 아시아 코끼리와 접촉하는 경우 이를 학습한다. 또는 다른 코끼리들이 모방하거나 변형할 수 있는 단순한 소리를 만들어내기도 한다. 동물원의 한 코끼리 무리에서 다른 코끼리들에게서 들어본 적 없는 소리 유형을 발견할 때도 있다. 다른 코끼리들은 이 한 무리로부터 새로운 소리를 배우기도 했다. 마치 코끼리는 새로운 소리를 계속해서 추가할 수 있는 개방적인 소리 시스템을 가지고 있으며, 이런 방식으로 코끼리의 언어는 계속 발전하는 것처럼 보인다.

코끼리도 지역 방언을 사용하는가?

그렇다면 코끼리는 자연 서식지에서 이 능력을 어떻게 사용할까? 재생 실험에 따르면 코끼리는 소리로 서로를 개별적으로 인식하는 것으로 나타났다. 동시에 코끼리는 서로 다른 방언도 구별할 수 있는 것으로 보인다. 앞서 설명한 아도에서의 연구 중 우리는 수컷들이 암컷의 소리를 통해 그 암컷이 알고 있는 암컷인지, 아니면 낯설고 생소한 암컷인지 인식한다는 것을 확인할 수 있었다. 나는 낯선 암컷이 아도의 방언이나 '음향적 고유성'이 없기 때문에 수컷이 '다른' 암컷으로 인식하는 것이라고 강하게 추정하고 있다. 하지만 아직 확실하게 배제할 수 없는 한 가지 사실이 있다. 수컷이 아도 암컷의 소리를 외워서 낯선 암컷을 낯선 코끼리로 인식했을 수 있다는 것이다.

그밖에도 코끼리에게는 또 다른 신비한 능력이 있다. 정보를 청각적으로만 전달하는 것이 아니라 지진파 진동을 통해서도 전달하는 것으로 보인다. 어쨌든 지진 신호를 이용한 한 연구에서 코끼리가 이런 방식으로 방언을 구별할 수 있다는 사실이 밝혀졌다. 스탠포드 대학교의 코끼리 연구자인 케이틀린 오코넬-로드웰Caitlin O'Connell-Rodwell은 코끼리가 저주파의 웅웅거리는 소리의 지진 성분에 반응한다는 사실을 발견했다. 각각의 지반 조건에 따라 저주파음이 지면에 전달되어 표면파, 즉 레일리 파Rayleigh wave의 형태로 전파되는 것으로 나타났다. 지진 에너지는 10~40헤르츠 사이에서 가장 잘 전파되며 코끼리의 웅웅거리는 소리는 정확히 이 주파수에 속한다.

     음파와 지진파는 서로 다른 속도로 분리되어 전파된다. 코끼리가 음파를 자연스럽게 듣기는 하지만 지진 정보를 어떻게 인지하는지는 아직 명확하게 알려져 있지는 않다. 오코넬-로드웰은 두 가지 방식으로 코끼리가 지진 정보를 인지할 수 있다는 이론을 세웠다. 신호는 뼈를 통해 전달되거나 진동에 민감한 감각 세포를 통해 내이로 전달된다는 것이다.

     오코넬-로드웰과 그의 연구팀은 코끼리가 지진 신호를 감지하고 심지어 매우 차별화된 방식으로 지진 신호에 반응한다는 사실을 명확히 입증할 수 있었다. 우리의 실험과 유사하게, 연구진은 코끼리 무리를 대상으로, 알려진 코끼리 무리와 알려지지 않은 다른 동물 무리의 경보 소리Alarmrufen(이 경우 사자)의 지진 성분을 재생했다. 그 결과 코끼리는 낯선 동물의 경보 소리를 잘 알아듣지 못한 반면, 아는 무리의 소리에 훨씬 더 자주 반응하는 것으로 나타났다.

따라서 코끼리들 사이에 지역 방언이 존재할 가능성이 높으며, 이는 코끼리들 사이의 유대감과 결속력을 강화하는 기능도 한다는 강력한 증거가 있다. 한 무리가 공통 언어를 가지고 있을 때 방언은 특정 지역이나 사회 집단 구성원의 정체성과 연대를 표현한다. 이는 인간에게도 해당되지만 코끼리에게도 중요한 역할을 할 수 있다. 앞서 언급한 동물원에서 다른 종에 속하는 코끼리의 의사소통을 모방하는 발성 모방 사례는 코끼리도 사회적 동물로서 절실히 필요한 사회적 유대감과 연결감을 소리와 의사소통을 통해 형성한다는 것을 보여 준다.

우리는 암컷과 수컷 모두에서 모방의 예를 보았으며, 이 능력이 수컷의 삶에서도 중요한 역할을 한다고 생각한다. 물론 무리를 지어 사는 한, 특히 사춘기에 무리를 떠나면 더욱 그렇다. 수컷은 새로운 사회적 유대감을 형성하고, 자신의 소리와 의사소통 방식을 새로운 수컷의 사회 체계에 적응시켜야 한다. 새로운 사회 집단의 방언을 배워야 할 수도 있는 것이다.

코끼리의 언어에 대해 알아야 할 점이 우리에게는 아직도 많이 남아 있다. 그런 만큼 '비밀의 언어'라는 표현이 잘못된 것은 아니다. 나는 코끼리의 언어가 우리를 더욱 놀라게 할 것이라고 추측한다. 코끼리의 소리에는 많은 정보가 담겨 있다. 현재로서는 평가할 수 없는 양의 정보가 포함되어 있다. 이는 우리 인간이 기술적인 도구 없이 소리를 인식하기 어려운 이유도 있다. 그러나 새로운 인공 지능 및 기계 학습 방법이 우리에게 도움이 될 것이라고 확신한다. 앞으로 컴퓨터 과학자들과 함께 코끼리 의사소통의 패턴을 이해하고, 그들의 언어를 해독하기 위해 인공 지능을 활용하

프리토리아에서 약 100km 북쪽에 위치한 벨라-벨라 근처의 숀 헨스만 개인 보호구역에서 음성 녹음 중이다.

고자 한다. 이러한 새로운 방법이 코끼리 언어뿐만 아니라 동물 언어 전반에 대한 우리의 시야를 혁신할 것이라고 단언한다.

제 6장

코끼리들은 어떻게 의사소통을 할까 2 :
후각적, 화학적, 신체 언어적 소통 – 다중적 모드

아도 국립공원 남쪽에 있는, 내가 가장 좋아하는 드라이브 코스 중 하나인 응굴루페 루프Ngulupe-Loop를 달리고 있을 때 특별한 마이크나 헤드폰이 없어도 특이한 웅웅거리는 소리가 들렸다. 대형 트럭의 시끄러운 엔진 소리를 연상시키는, 진동을 동반한 웅웅거림이었다. 머스트 럼블Musth-Rumble(발정기의 웅웅거리는 소리-옮긴이 주)이었다. 주위를 둘러보며 주변을 확인했다. 소리가 아주 선명하게 들려 수컷 코끼리가 근처에 있음을 확신했다. 그리고 그 수컷이 정말로 머스트 상태에 있다면 조심하는 것이 좋다. 다시 웅웅거리는 소리가 들렸고, 약 100미터 떨어진 숲속에서 왼쪽 귀가 찢어져 눈에 띄는, 마흔두 살의 수컷 코끼리 '찢어진 귀Torn Ear'를 알아볼 수 있었다. 그는 귀가 거의 절반이 없다. 호르몬 상태를 나타내는 '디스플레이Display'로 알 수 있는, 외모와 행동은 그가 완전히 머스트 상태에 있음을 알려 주었다. 머스트란 용어는 계절과 관계없이 일

동영상(왼쪽)에서는 짐바브웨의 잠베지 국립공원에서 만난 발정기의 수컷 코끼리를 볼 수 있다. 그는 몇 가지 흥미로운 행동을 보이는데, 활동 중인 성선은 잘 보이고, 다리 안쪽은 소변으로 젖어 있다. 그는 자동차 쪽으로 돌아서 머스트 럼블(발정기의 웅웅거리는 소리)을 내고, 더 강력하게 보이기 위해 귀를 쫙 펼치고 있다. 촬영의 두 번째 부분에서 그는 머리를 흔들며 위협을 가하는데, 우리는 안전을 위해 자동차를 이동하기 시작한다. 그가 계속 가던 길을 가기 전 다시 한번 머스트 럼블 소리를 낸다.

오디오 녹음(오른쪽)에서는 전형적인 머스트 럼블 소리를 들을 수 있다.

'찢어진 귀', 수컷 코끼리, 발정 중. 눈과 귀 사이에 있는 관자놀이가 부풀어 올랐고, 소변 방울도 보인다.

년에 한두 번 발생하고, 수컷 코끼리의 생식 활동과 공격성이 증가하는 시기를 설명하는 데 사용된다. 이 시기는 몇 달 동안 지속될 수 있으며, 성호르몬인 테스토스테론의 급격한 상승으로 촉발된다.

이제 그 수컷이 숲에서 나오면 우리는 암컷에게 깊은 인상을 주고 암컷을 끌어들이는 동시에 다른 수컷을 위협하고 거리를 유지하려는, 이 수컷의 의사소통을 관찰할 수 있다. '찢어진 귀'는 머리를 어깨보다 훨씬 높게 들고 허세를 부리는 것처럼 보인다. 귀를 반쯤 내밀고 코는 말아 엄니 위에 얹고 있다. 또 다른 전형적인 머스트 럼블을 내지르다가 멈춰 서서 주변을 살피고, 자신의 부름에 응답하는 코끼리가 있는지 귀를 기울인다.

관자놀이가 부어 있다. 두개골의 왼쪽과 오른쪽에 흐르는 분비물이 눈과 귀 사이 관자놀이 중앙에 검은 줄무늬를 그리고 있다. 뒷다리 안쪽이 축축하고 녹색을 띠고 있는 것으로 보아 소변을 계속 흘리고 있음을 알 수 있다. 이 '흘러내리는 소변'의 강도는 흐르는 것에서부터 특히 흥분했을 때의 분출하는 것까지 매우 다양하다. 머스트 시기의 수컷 코끼리는 하루에 약 300리터의 소변을 배출할 수 있으므로 이 시간 동안 그에 상응하는 양의 물을 마셔야 한다. 이는 관자놀이의 샘에서 분비되는 것과 함께 강렬한 냄새의 자취를 남기므로 인간도 이 후각 신호를 감지할 수 있다. 약간 달콤한 냄새가 나는데, 실제 나도 꽤 기분 좋은 냄새라고 느꼈다. 하지만 암컷 코끼리에게 이 냄새는 엄청나게 매력적이고 강렬한 냄새임이 틀림없다.

나는 아직도 머스트기에 이른 수컷 코끼리와의 첫 만남

을 아주 생생하게 기억한다. 크루거 국립공원을 이동하던 중 안내원이 갑자기 멈춰 서서 머스트기의 수컷 코끼리 냄새가 난다고 말했다. 그때도 나는 이 독특한 냄새에 놀랐다. 하지만 도보로 여행 중이었기 때문에 안전을 위해 재빨리 후퇴했그, 수컷 코끼리를 직접 마주치지 않아서 다행이었다. 아시아 코끼리 수컷도 비슷한 방식으로 행동하지만 아프리카 코끼리 특유의 충동적인 머스트 럼블을 내지르지는 않았다. 그래도 머스트 상태일 때는 '일반적인' 웅웅거리는 소리와 함께 고음의 끽끽거리는 비명을 내는 경우가 많다.

청각, 시각, 후각: 다중 모드로 소통하는 코끼리

'머스트 디스플레이'는 청각, 시각 및 화학적 신호로 구성되어 있으며, 일종의 다중 모드 의사소통 또는 다중 모드 디스플레이의 아주 훌륭한 예시를 보여 준다. 머스트 상태의 수컷 코끼리는 발성, 냄새, 자세, 걷는 방식을 포함한 움직임 등 모든 방식으로 자신의 현재 상태를 표출한다.

행동 생물학에서 의사소통을 다룰 때, 그것은 엄밀히 말하면 항상 서로 다른 신호의 상호작용으로 나타난다. 접촉 호출의 형태로 이루어지는 원격 통신만이 순수하게 청각적인 것으로 보인다. 하지만 앞서 설명한 것처럼 코끼리의 경우 지진파가 포함되기도 한다. 그렇다면 코끼리에게 음향 외에 또 어떤 다른 모드, 즉 어떤 유형의 감각 지각이 중요할까? 다시 말해 코끼리는 주변 환경을 어떻게 인식하고 어떻게 지각할까?

물론 일반적으로 어떤 감각 지각이 중요한지는 각 동물

종의 생활 방식, 서식지 및 감각 기관에 따라 다르다. 예를 들어 영장류는 '눈의 동물'이라고 불리며, 이는 시각이 주요 감각 기관임을 의미한다. 코끼리의 시각은 아직 상대적으로 연구가 덜 되어 있다. 코끼리의 눈은 머리 측면에 위치하기 때문에 시야각이 313도 인데 비해 인간의 시야각은 214도다. 코끼리는 2색체Dichromaten로 망막에 적색과 녹색에 대한 두 가지 유형의 색 수용체(원추체라고도 함)가 있다. 반면에 인간은 빨강, 녹색, 파랑에 대한 세 가지 유형의 색 수용체를 가지고 있으므로 3색체Trichromaten다. 2색체라고 해서 무조건 더 불명료하게 보는 것이 아니라 세상을 다르게 볼 뿐이다. 코끼리는 또한 산술적 시력arithmetisches Sehvermögen을 가지고 있어 하루 종일 시력이 변한다. 밤에 코끼리의 눈은 특히 파란색과 보라색에 민감하게 반응하는데, 이는 눈에 있는 특수한 색소 덕분에 가능한 일이다.

따라서 코끼리는 밤에도 대상을 볼 수 있다. 관찰에 따르면 코끼리는 실루엣을 인식하고 먼 거리의 움직임에 반응할 수 있지만 물체를 세밀하게 구분하지는 못한다고 한다. 그러나 약 25미터 거리까지는 명료하게 볼 수 있는 시력을 가졌으며, 코끼리의 몸짓으로 미루어 세부적인 사물을 구분할 수 있음을 시사한다. 이는 이러한 시각적 신호를 상대방도 인지해야 하기 때문이다. 코끼리는 머리, 몸통, 귀, 눈, 입, 발 또는 꼬리로 시각적 신호를 보낸다. 사실 코끼리의 몸 전체는 동종뿐만 아니라 인간과 같은 다른 종의 개체와도 의사소통을 한다.

위협적인 코끼리는 자신의 몸집보다 더 크게 보이려고 노력한다. 그러기 위해 머리를 어깨보다 높이 위로 올리고 귀를 크게 펼친다. 반면 복종하는 코끼리는 고개를 낮추고 귀를 뒤로 젖히는 경향이 있다. 일반적으로 아프리카 코끼리가 편안할 때는 어깨가 몸에서 가장 높으며, 고개를 들 때에는 항상 특별한 의미가 있다. 불안한 코끼리는 보통 꼬리를 들고 턱을 집어넣고, 흥분한 코끼리는 꼬리와 머리를 들고 귀를 펼치고 흔든다는 것은 시각적 신호에 관한 아주 대략적이고 일반적인 설명이다. 예를 들어 '귀접기'는 다른 신호와 결합하여 위협으로 사용되는 경우가 있다. 이는 귀의 아래쪽 절반을 약간 접어 수평적인 가장자리를 만드는 것이다. 이 신호는 아주 미묘해서 비전문가가 알아채기는 어렵다. 하지만 코끼리가 이 신호에 반응한다는 것은 이 신호를 인지할 수 있다는 것을 의미한다.

    인간은 뛰어난 시각을 가지고 있으며 자연스럽게 말과 함께 제스처Gesten를 사용하여 많은 의사소통을 한다. 우리는 종종

아프리카 코끼리가 머리를 드는 행위에는 항상 의미가 있다.

제스처를 사용하여 말의 의미를 수정하거나 변경한다. 동물의 의사소통을 연구할 때도 사람들은 보통 특정한 모드에 초점을 맞춘다. 우리 연구팀의 새로운 연구는 소리와 제스처의 조합이 갖는 중요성에 초점을 맞춰 조사하고 있다. 신호를 맥락에서 벗어나 분리해서 보면 제한된 범위에서만 설명하고 이해할 수 있기 때문이다. 인간의 의사소통에서 종종 나타나는 아이러니는 그 좋은 예가 될 수 있다. 우리는 아이러니한 농담을 할 때 실제로는 악의적인 말에 제스처나 특정 표정을 강조함으로써 장난스러운 의도를 나타낸다. 이제 코끼리도 다양한 양상의 신호를 결합하여 의미를 바꾸는지, 그리고 그 과정에서 특정 패턴을 따르는지 알아보고자 한다. 이를 위해서는 질문도 명확해야 한다. 코끼리는 제스처를 어떻게 이해할까?

코끼리와 같은 동물의 행동을 제스처로 정의하는 것은 그리 쉬운 일이 아니다. 유인원에 관한 연구를 바탕으로 코끼리의 제스처를 기계적으로 비효율적인 신체 움직임으로 정의하기도 한다. 따라서 제스처는 먹이를 얻기 위한 동작이나 실행에 특정한 목적이 있는 동작이 아니다. 그리고 다른 개체에게 전달되어야 하며 특정 목표를 추구해야 한다. 예를 들어 의식적으로 귀나 코를 움직이는 행동은 제스처로 볼 수 있다. 예를 들어 코끼리는 위협을 할 때 고개를 들고 귀를 머리에서 90도 각도로 벌리고 위협하는 상대를 향해 직접 고개를 향하며, 상대가 물러날 때까지 계속 그 상태를 유지한다.

제스처의 대표적인 예는 어린 수컷 코끼리가 놀이를 요청할 때다. 한 수컷 코끼리가 친구에게 다가가 코를 엄니 주위로 이 동영상에서 보이는 왼쪽의 수컷 코끼리는 일련의 몸짓으로 놀고 싶다는 신호를 보내고 있다. 그는 발을 앞뒤로 흔들고, 다른 수컷 코끼리가 마침내 반응할 때까지 머리, 귀, 코를 반복적으로 흔든다.

말면서 고개를 반복해서 흔든다. 이 제스처가 끝나면 상대방이 이 놀이 요청에 어떻게 반응하는지 기다렸다가 필요한 경우 상대방이 함께 놀기 시작할 때까지 여러 번 반복한다. 여기에는 제스처를 구성하는 모든 기준이 있다. 목표("나랑 놀자!"), 수신자, 정의되고 기계적으로 비효율적인 동작, 수신자의 반응을 기다리며 목표가 달성될 때까지 동작을 반복하는 것. 내 학생인 베스타 엘레우테리Vesta Eleuteri는 2021년 말부터 코끼리의 제스처를 문서화하고 분류하는 작업을 해 왔다. 특히 코의 움직임을 기록하는 것은 정말 도전적인 작업이다.

만지고 냄새 맡기: 코로 탐구하는 세상

코끼리가 코를 들어 올리고 특정 자세를 취하는 것은 제스처일 수 있다. 그러나 코끼리가 후각을 통해 정보를 수집하는 것일 수도 있다. 그렇다고 어느 쪽이 다른 쪽을 배제하는 것은 아니라고 생각한다. 코끼리는 동물계에서 가장 뛰어난 코를 가지고 있기 때문에 후각으로 주변 환경을 인식할 가능성이 높다. 시각으로 주변 환경을 파악하는 영장류처럼 코끼리도 주변 환경에 대한, 그리고 같은 종에 대한 냄새 이미지를 지속적으로 가지고 있을 것이다. 현재 코끼리의 주의를 끄는 사람이나 사물이 누구인지 알고 싶다면 영장류처럼 코끼리의 시선을 따라가는 것이 아니라 끊임없이 후각 정보를 수집하고 있는 코끼리의 코끝 방향을 관찰하면 된다.

코끼리 사이의 화학적 의사소통도 매우 중요하다. 코끼리는 코를 들어 올려 공기 중의 냄새를 맡고, 코끝으로 땅바닥에 소변의 흔적이 있는지 살펴본다. 코끼리는 또한 다른 코끼리의 분변 냄새를 광범위하게 맡는다. 코끼리 무리를 관찰하면 코끼리의 코가 좌우, 앞뒤로 끊임없이 같은 무리의 생식기, 관자놀이 또는 입, 특히 어린 코끼리의 생식기를 향해 반복적으로 움직이는 것을 볼 수 있다. 예를 들어 내가 치키 찹스와 새끼 크리스를 관찰했을 때, 어미는 크리스가 무엇을 먹는지 확인하려는 듯 코를 새끼의 입으로 자주 이동하는 것을 볼 수 있었다. 새끼 코끼리의 침은 또한 건강 상태에 대한 중요한 정보를 제공한다. 그리고 어미는 새끼의 생식기와 측두엽의 냄새를 광범위하고 집중적으로 맡는데, 새끼는 때때로 이러한 건강 점검에 항의의 의미로 울음소리를 내며 반응하기도 한다.

실제로 어미 코끼리는 냄새로 새끼의 상태를 알 수 있다. 아프리카 사바나 코끼리에 관한 새로운 연구에 따르면 개인별 냄새 프로필이 존재하며, 관자놀이 분비물에서 나이를 나타내는 냄새 특성이 있는 것으로 나타났다. 자매와 같이 밀접하게 관련된 코끼리들은 매우 유사한 냄새 프로필을 가지고 있었다.

무리 또는 사회 집단의 화학적 프로필을 분석해 보니 흥미로운 결과가 나오기도 했다. 서로 직접적으로 친족 관계가 아닌 코끼리를 포함하여 무리의 구성원들은 냄새가 서로 비슷했다. 카타리나 뒤르크하임Katharina Durkheim이 이끄는 연구팀은 이러한 후각적 유사성이 타액뿐만 아니라 장내 박테리아의 발효 또는 발효로 생성되는 측선 및 생식기의 분비물에서 나오는 지방산 때문이라는 것을 확인할 수 있었다. 이러한 박테리아의 전염은 동물 간의 잦은 신체 접촉으로 인해 촉진될 수 있다. 따라서 서로 관련이 없는 개체라도 집단으로 함께 생활하거나 정기적으로 마주치는 경우 그룹 특유의 박테리아 유발 냄새가 발생하여 함께 있다는 느낌을 나눌 수 있다. 함께 있다고 느끼게 할 수 있는 냄새. 이는 특히 유연한 분열-융합 사회 구조 속에서 사는 코끼리들의 경우 유대감을 형성하고 강화하는 중요한 전략인 것으로 보인다.

　　　　코끼리는 또한 소변으로 다른 개체와 친척을 알아볼 수 있다. 이 사실은 동료인 루시 베이츠Lucy Bates가 앰보셀리 국립공원Amboseli-Nationalpark에서 한 실험을 통해 발견했다. 버지나Virgina라는 이름의 어미 코끼리는 이틀 동안 무리와 떨어져 있던 딸의 소변 냄새를 맡은 후 큰 소리로 접촉 신호를 보냈다. 코끼리는 소변과 배설물 냄새를 통해 다른 무리의 행방과 움직임을 추적한다. 이 냄새는 사회성과 번식 상태를 파악하는 데도 사용되며, 짝짓기할 준비가 된 암컷을 끊임없이 찾는 데 열중하는 수컷 코끼리에게는 특히 흥미를 불러일으키는 냄새다.

　　　　자신과 친척이 아닌 데다 짝짓기할 준비가 된 암컷을 찾는 것은 당연하게도 아도 코끼리 국립공원에서 살고 있던 '찢어진 귀'의 주요 관심사이기도 했다. 한편으로 수컷은 소변 냄새를 포함하여 암컷의 냄새에서도 정보를 얻는다. 그 냄새는 이동한 다음에도 얼마 동안은 지속되기 때문이다. 다른 한편으로 정보는 암컷이 내는 소리로도 전달된다. 앞서 설명한 재생 실험에서 우리는 수컷에게 알려진 암컷의 울음소리와 전혀 알려지지 않은, 따라서 전혀 관련이 없는 암컷의 울음소리를 들려주었다.

그런 다음 수컷의 반응을 데이터로 분석한 결과, 수컷은 무리를 지어 사는 암컷과 마찬가지로 후각뿐만 아니라 청각으로도 사회적 정보를 저장하고 이를 획득한다는 사실이 분명하게 드러났다. 수컷은 이 능력을 이용해 잠재적인 짝을 찾는다. 낯선 암컷의 소리를 선호하는 것은 수컷이 근친 교배를 피하고자 청각 정보를 사용한다는 진화적 적응의 결과를 확인할 수 있다. 암컷은 주로 청각적으로 전달된 정보를 이용해 무리의 구성원들을 조율하고 만나는 데 사용한다. 코끼리는 대규모 소셜 네트워크를 가지고 있으며, 청각 및 후각 단서를 통해 다른 코끼리들의 신원을 저장해 둔다. 목소리와 체취로 이루어진 페이스북을 상상해 보라! 코끼리의 사회적 지능과 사회적 기억력은 훨씬 더 인상적이어서 다양한 양태로 접근할 수 있다.

촉각 도구인 몸 전체

코끼리가 정보를 전달하는 또 다른 중요한 방법은 촉각적 소통이다. 특히 접촉의 가장 주요한 수단인 코는 화학적 의사소통과 함께 사용되는 경우가 많다. 하지만 코끼리는 코뿐만 아니라 귀, 엄니, 발, 꼬리, 몸 전체로 서로에게 접촉한다. 때때로 그들은 서로 옆에서 먹거나 쉬면서 배나 엉덩이를 계속 서로 맞대고 있기도 한다. 접촉은 거의 모든 상황에서 발생하며 친근하거나 공격적일 수 있다. 엄니는 상대를 공격하는 데 사용되기도 하지만 인사를 나누는 상황에서라면 엄니를 만지는 것이 연대를 표현하는 것일 수도 있다. 코끼리들은 꼬리로 서로를 치기도 하지만, 새끼 코끼리가 뒤를 따라오는지를 확인하는 몸짓으로 어미 코끼리는 꼬리를 통해 부드럽게 느끼고 감지할 수도 있다. 또 종종 귀를 서로 비비는데 이는 항상 각별한 애정의 표시다.

코는 촉각을 통한 의사소통에서 특히 중요하며 다른 신체 부위와 마찬가지로 매우 다채롭게 활용된다. 코끼리의 코는 서로를 쫓아내거나 때릴 때도 사용하지만, 매우 부드럽게 사용할 수도 있다. 코끼리는 부드러운 터치로 서로를 진정시키고, 넘어진 새끼 코끼리가 다시 일어설 수 있도록 돕기도 한다. 코는 또한 특정 방향을 지시하는 데 사용되며, 수컷은 짝짓기 중에 암컷을 껴안거나 움직임을 유도하는 데 사용하기도 한다. 코는 생식기나 측두엽의 냄새를 맡을 때뿐만 아니라 만질 때도 사용하며, 코로 만지는 모든 행동에는 후각적 요소도 포함되어 있다고 추측할 수 있다.

심지어 발도 촉각의 일환으로 삼아 의사소통을 한다. 코끼리는 보통 뒷발로 서로를 차기도 한다. 반면에 코끼리는 발로 애정을 표현하기도 하는데, 예를 들어 어미가 잠든 어린 코끼리를 살살 건드려서 무리가 움직이기 시작할 때 깨우기도 한다. 아프리카 코끼리에게는 거의 나타나지 않지만 아시아 코끼리는 공격적인 행동으로 서로의 꼬리를 물어뜯는 또 다른 유형의 접촉 행동을 보이기도 한다.

코끼리는 자주 서로를 만지기를 좋아하고 촉각이 매우 뛰어난 동물이다. 코끼리에게 만지는 행위는 특히 가족 내에서 유대감을 강화하고 함께 있음을 보여주기 위해 아주 중요하다. 물웅덩이에서 신나게 목욕할 때는 서로 뒹굴고, 물속에서 서로를 밀고, 발로 차고, 몸통으로 물을 튀기기도 한다. 따라서 목욕 상황은 코

물웅덩이에서 목욕하는 상황은 코끼리에게 가장 큰 즐거움을 안겨 준다.

끼리의 코, 발, 엄니가 마구 얽혀있는 상황으로 보이기는 하지만 코끼리는 이를 매우 즐긴다.

만지는 행위의 중요성은 인사하는 상황에서 거듭 분명해진다. 이러한 의식은 다른 어떤 행동 상황에서도 찾아보기 힘든 다양한 방식의 의사소통을 보여 준다. 동물들은 목소리를 내고, 포효하고, 트럼펫 소리를 낸다. 아시아 코끼리는 끽끽거리고, 몸통으로 서로를 광범위하게 비벼대고, 머리와 몸을 서로 문지른다. 또한 수면 샘에서 분비물이 분비되고 동물은 소변과 배변을 하는데 이는 한편으로는 흥분을 유발하기에 선호되는 반면, 다른 한편으로는 접촉과 동시에 후각 신호를 포착할 수 있기 때문에 화학적 의사소통에도 도움이 된다.

인사하는 상황은 특히 소리와 함께 제스처와 같은 다중 모드 신호의 직접적인 결합을 분석하는 데 적합하다. 그래서 우리는 이 점을 연구 목적으로 활용하여 빅토리아 폭포 근처의 짐바브웨 자푸타 보호구역Jafuta-Reservat에서 조사를 진행했고, 제자인 베스타 엘레우테리와 카티 프라거Kathi Prager가 10분 간격으로 인사하는 코끼리 두 마리의 모습을 시뮬레이션할 수 있었다. 이 동물들은 인간의 보살핌을 받으며 살고 있지만, 보호구역을 최대한 자유롭게 돌아다니며 이 지역의 야생 코끼리 무리와도 접촉할 수 있었다.

상황에 맞는 올바른 의사소통

이 연구를 통해 우리는 인사하는 상황에서 코끼리가 굉장히 구체적인 소리와 제스처를 사용한다는 것을 알 수 있었다. 코끼리는 신호를 보내는 상대방이 어디를 향하고 있는지, 상대방의 시야 안에 있는지 여부에 따라 제스처와 신호의 유형을 조정하고, 상대방의 주의를 끌기 위해 다양한 몸짓을 사용한다. 서로 멀리 떨어져 있는 경우 코끼리들은 주로 소리를 통해 인사하고, 시야에 들어오면 제스처를 시작한다. 또한 제스처와 소리를 무작위로 결합하는 것이 아니라 패턴에 따라 결합하는 것으로 조사되었다. 가장 일반적인 조합은 코끼리가 웅웅거리기 시작한 후 귀를 앞뒤로 여러 번 연속적으로 움직일 때(귀 흔들기)다. 이 유형의 인사는 특히 암컷 두 마리가 만났을 때 자주 사용되었다.

그밖에도 총 20가지의 다양한 인사 제스처를 정의할 수 있었다. 다른 예로는 손뼉을 칠 때 나는 소리와 같은 비언어적인 청각적 요소를 들 수 있다. 귀를 목에 대고 펄럭인다거나 귀의 위치를 바꾸거나 몸의 다른 부분을 서로 문지르는 것, 코를 흔들거나 돌리는 것과 같은 움직임 등이 있다. 또한 엉덩이를 보여주는 것도 제스처로 해석할 수 있다. 우리는 코끼리들이 신호를 의식적이고 신중하게 사용하며, 상대방이 시야에 있는지 여부와 상대방이 지금 보고 있는지 또는 고개를 돌렸는지도 고려한다는 것을 분명히 확인했다.

코끼리는 인간과도 마찬가지로 신중하게 의사소통을 한다. 또 다른 실험에서는 아프리카 코끼리에게 근처에 먹이가 있다는 신호를 사육사에게 보내도록 요청했다. 이 실험에서도 코끼리는 상호작용 상대가 사람일지라도 그 사람의 관심을 인지하고 있다는 것을 알 수 있었다. 코끼리는 인간 파트너가 자신과 마주서서 직접 바라보고 있을 때 훨씬 더 자주 몸짓을 보냈다. 인간이 코끼리와 반대편에 등을 돌리고 서 있을 때는 코끼리가 몸짓을 하는 빈도가 낮았다.

이러한 모든 연구와 관찰은 코끼리가 코끼리든 사람이든 상대방을 인식하고 있고, 민감하게 대처하고 있음을 보여 준다. 이는 코끼리가 상대방과 공감할 수 있고, 다른 개체의 인식을 이해할 수 있음을 나타낸다. 그러나 코끼리는 여러 감각 채널을 동시에 사용하기 때문에 코끼리의 의사소통은 매우 복잡하다. 따라서 우리는 코끼리의 소리를 이해하는 것뿐만 아니라 모든 양상을 탐구하는 법을 배워야 한다. 코끼리의 몸짓을 읽고 화학적 신호를 해독하는 방법을 배워야 앞으로 코끼리 언어를 더 잘 이해할 수 있을 것이다. 코끼리의 트럼펫 소리는 가장 눈에 띄는 발화이지만, 코끼리들이 서로 소통할 때 사용하는 다양한 표현에는 아주 넓은 우주가 펼쳐져 있다. 코끼리를 더 완전히 이해하는 법을 배우는 것이 인간과 코끼리의 더 나은 관계로 나아가는 최선의 방법이자 유일한 방법이다. 앞으로 갈등 없는 공존을 가능하게 하는 것은 많은 부분 우리의 몫이다.

제7장

정말 코끼리는 어떤 것도 잊지 않을까?

"코끼리는 절대 잊지 않는다."라는 속담이 있다. 어쩌면 이는 타당하다. 이 동물이 얼마나 뛰어난 기억력을 가지고 있는가는 익히 입증되었기 때문이다. 가장 분명하게 드러나는 것은 항상 동일한 경로를 따라 이동할 수 있는 이들의 능력이다. 특정한 길과 장소는 여러 세대에 걸쳐 거듭 발견된다. 여기서 중요한 역할을 하는 것은 대개 경험이 풍부하고 나이가 많은 암컷 코끼리인 가모장Matriarchin 이다. 그녀는 목표를 향해 자신의 무리를 이끌고, 몇 해 전 건기에 물을 찾았던 적이 있던 확실한 장소를 찾아간다. 그녀는 아주 어린 새끼 코끼리 시절부터 무리의 이동을 이끌던 선배 코끼리들의 지식을 온전히 전수했다.

우기와 건기의 급격한 기후 변화에 따른, 주변 환경의 엄청난 변화에도 불구하고 그녀는 살아가는 동안 그 경로를 잊지 않고 기억해 두었다. 이는 생존에 필수적인 능력이다. 왜냐하면 고여 있는 물은 언제든 말라 버릴 수 있고, 그에 따라 식생도 달라지기 때문이다. GPS 데이터에 따르면 코끼리 프리는 최대 50킬로미터 떨어진 곳에서도 가장 가까운 물웅덩이를 향해 직진하며, 도중에 이동 방향을 수정하지 않는다.

이러한 성과는 매우 상세하고 포괄적인 공간 지식이 없다면 불가능할 것이다. 이 동물은 자신의 서식지에 대한 지도를 저장해 두고 있으며, 마치 GPS 시스템을 갖추고 자신의 현재 위치와 목적지를 정확히 알고 있는 것처럼 보인다. 하지만 이러한 가정은 과학적 근거가 있는 것일까? 코끼리들의 사고방식에 대해 우리는 무엇을 알고 있을까? 그리고 코끼리의 기억에 대한 신화는 정말 사실일까?

놀라운 소뇌를 가진 대형 동물

먼저 코끼리의 뇌가 어떻게 작동하는지 살펴보자. 성체 코끼리의 뇌 무게는 약 5킬로그램에 달하며 육상 포유류 중에서 가장 크고 무겁다. 인간의 뇌와 비교하면 세 배나 무겁다. 정확히 비례하는 것은 아니지만 뇌의 크기는 몸의 크기와 관계가 있다. 이 비율은 몸의 크기가 커질수록 줄어든다. 점박이쥐의 작은 뇌는 몸무게의 약 5%를 차지하지만, 인간의 경우는 2%, 코끼리는 0.1%, 향유고래는 0.01%에 불과하다. 그런데도 뇌 크기와 지능 사이의 관계는 매우 복잡하기 때문에 상대적인 뇌의 비중이 적절한 척도가 될 수는 없다. 이와는 대조적으로 뇌와 뉴런 또는 신경 세포의 수가 종종 동물종의 '지능'에 대한 결정적인 요소로 자주 언급되고 있다. 그러나 이 또한 둘 사이의 관계를 제대로 이해하기 위해서는 한층 자세히 살펴보아야 한다.

아프리카 사바나 코끼리의 뇌에는 257조 개의 뉴런이 있다. 이는 평균적인 인간의 뇌에 있는 뉴런의 3배에 해당하는 수다. 인간의 뇌가 코끼리의 뇌보다 3배 작다는 점을 고려하면 상대적으로도, 절대적으로도 비슷한 수의 뉴런이 존재한다는 결론에 도달하게 된다. 그러나 뉴런의 위치에는 차이가 있다. 코끼리는 뇌의 뉴런 중 97.5%, 즉 251조 개의 뉴런이 소뇌에 위치해 있다. 다른 어떤 포유류도, 심지어 인간조차도 소뇌에 이처럼 많은 뉴런을 가지고 있지 않다. 반면 대뇌의 바깥쪽 부분인 대뇌 피질의 경우 인간에게는 16조 3천억 개의 뉴런이 있지만 코끼리에게는 5조 6천억 개의 뉴런이 있다. 이 수치는 대뇌 피질의 뉴런 수가 인간의 뛰어난 인지 능력의 주된 원인이라는 가설을 뒷받침한다. 다른 한편 소뇌는 운동 조절, 협응 및 미세 조정과 함께 무의식적인 계획 및 동작 학습에 중요한 역할을 수행한다.

이제 코끼리의 신경 세포, 즉 뉴런이 대부분 왜 소뇌에서 발견되는지 그 이유가 명확해졌을 것이다. 40,000개의 몸통 근육을 조정하려면 동물계 전체에서 타의 추종을 불허할 정도로 고도로 발달된 소뇌가 필요하다. 소뇌는 또한 몸통과 외부 환경 사이의 모든 상호작용을 조정한다.

코끼리는 가장 지능적인 동물 중 하나로 여겨진다. 대뇌 피질에 퍼져 있는 뉴런의 수는 인간보다 적지만, 코끼리의 대뇌 피질은 깊은 고랑이 패여 있어 비교적 작은 공간에 많은 뇌가 채워져 있다. 영장류, 설치류 또는 조류에 비해 코끼리를 대상으로 한 인지 능력 실험은 거의 이루어지지 않았지만—코끼리는 실험실에서 사육되지 않아 상대적으로 실험하기도 어렵지만— 지금껏 이루어진 코끼리의 인지 능력 실험은 거의 성공적이었다. 그중 하나는 자기 인식을 테스트하는 실험인 이른바 거울 테스트다.

코끼리는 자아 인식 능력을 가지고 있다

거울 테스트는 인간 혹은 동물의 시야에 거울을 비치해 두고, 인위적으로 신체에 부착된 사물에 대한 반응을 관찰하는 실험이다. 거울 속 자신을 인식하는 능력은 자아 인식의 증거로 간주된다. 거울 테스트를 통과한 동물로는 유인원, 돌고래, 까마귀 등이다. 인간의 아이들은 두 살 때 자신의 거울 이미지를 인식한다. 인지 생물학자이자 나의 절친한 친구인 조쉬 플로트닉Josh Plotnik은 2006년 뉴욕의 브롱크스 동물원Bronx Zoo에서 아시아 코끼리를 대상으로 처음으로 거울 테스트를 실시했다.

그는 이 실험을 위해 상당한 노력을 기울였다. 그는 먼저 깨지지 않는 거울을 해피Happy, 맥신Maxine, 패티Patty라는 암컷 코끼리들이 사는 우리 안에 가져다 놓고 처음 며칠 동안 그대로 두었다. 이는 세 마리 코끼리가 이 새로운 물체에 익숙해질 수 있는 시간을 제공하기 위함이었다. 해피, 맥신, 패티는 모두 거울 테스트에서 흔히 볼 수 있는 행동 패턴을 보여 주었다. 이는 유인원 실험에서도 관찰되는 행동이었다. 그들은 거울의 프레임과 함께 자신들의 몸통이 비친 거울과 거울의 뒤쪽을 코로 건드리며 살펴보았다. 흥미롭게도 그들은 거울 앞에서 사회적 행동을 하지 않았고, 자신의 거울 이미지와 상호작용을 하려고 하지 않았다. 그러나 거울 바로 앞에 음식을 가져와서 먹거나, 거울 앞에서 몸통, 머리, 코를 반복적으로 움직였다. 몇 번은 거울 앞에서 입을 벌리고 코를 집어넣기도 하였다.

맥신은 심지어 자신을 보면서 코로 입 안쪽을 만지기도 했다. 또한 코로 자신의 귀를 앞으로 당겨 거울 쪽으로 향하게 하기도 했다. 마지막으로 표식 테스트가 실행되었고 해피는 통과했다. (참고로 특정 동물종들 모두가 표식 테스트를 통과하는 것은 아니며, 침팬지의 경우 절반 이상이 실패한다.) 머리의 한쪽에, 눈에 띄는 표식-여기서는 흰색 십자 표시-을 하고, 다른 쪽에는 같은 재료로 보이지 않는 표식을 부착하였다. 이는 냄새와 질감의 영향을 통제하기 위함이다. 그러니 두 표식의 유일한 차이는 시각적 요소뿐인 것이다. 거울 앞에서 해피는 보이지 않는 통제 표식에는 단 한 번도 주의를 기울이지 않았고, 눈에 보이는 흰색 십자 표식은 즉각 코로 만져보았다. 해피는 반복해서 거울을 보며 머리에 있는 흰색 십자 표식을 확인하였다.

그동안 태국을 포함한 여러 아시아 코끼리가 이미 거울 테스트를 통과한 적 있었다. 연구 결과를 요약하면 아시아 코끼리는 자의식을 가지고 있음을 알 수 있다. 보츠와나의 한 보호구역에 있는 사바나 코끼리도 이 실험에서 비슷한 자기 점검 행동을 보이기는 했지만 표식 테스트를 통과하지는 못했다. 그렇다면 어떤 개체는 테스트를 통과하고 어떤 개체는 통과하지 못하는 이유는 무엇일까?

행동 생물학에서 '자아 의식'은 자신의 정체성에 대한 인식을 의미한다. 따라서 이는 특별한 시각적 능력이 아니라 인식 능력에 관한 것이다. 많은 동물에게 시각은 가장 중요한 감각이 아니며, 이는 코끼리에게도 적용된다. 물론 코끼리는 시각적 신호와 몸짓으로 소통하기는 하지만 시각이 중심적인 감각은 아니다. 그들은 주로 후각과 청각을 통해 세상을 인식한다. 이 두 가지 감각이 가장 중요한 감각이며, 주요한 의사소통의 방식이기도 하다. 이렇게 볼 때 거울 테스트는 시각이 잘 발달한 인간, 유인원 및 기타 다른 동물들을 위해 만들어진 매우 주관적인 실험인 것이다.

나는 현재 코끼리의 자아 인식을 청각적, 후각적으로 테스트하는 프로젝트를 준비하고 있다. 그들은 자신의 목소리와 자신의 냄새를 인식할 수 있을까? 실험을 통해 이미 코끼리가 같은 종의 호출을 개별적으로 인식하고 구별할 수 있다는 것은 이미 알려져 있다. 나는 코끼리가 자신의 목소리와 냄새를 알고 식별할 수 있다고 확신하지만 연구자로서 이를 과학적으로 증명하기 위해서는 실험을 통해 증명해야만 한다. 그리고 동물들이 자신을 어떻게 인식하는지를 이해하려면 먼저 그들이 환경과 어떻게 상호작용을 하는지 조사해야 한다. 코끼리가 어떤 감각적 인상을 인지하고, 이를 어떻게 처리하는지 알아내야 한다.

코끼리는 어떻게 생각할까?

대뇌 피질은 복잡한 사고를 담당하는 영역이다. 여기에는 앞서 언급한 것처럼 수조 개의 신경 세포가 있다. 그리고 신경 세포의 기본 구조는 나무와 비슷하다. 가지처럼 뻗어 나가고 갈라지는 수상돌기가 있으며, 이를 통해 정보를 수집한다. 인간의 신경 세포에는 이러한 가지가 많이 있다. 그런데 그 가지들은 넓게 펼쳐져 있지만 길이가 길지는 않다. 신경학자 밥 제이콥스Bob Jacobs는 사바나 코끼리의 대뇌 피질을 조사한 결과 코끼리의 수상돌기는 가지 수가 적지만 아주 길다는 것을 발견했다. 이 신경 세포에는 화학적 자극을 수용하여 다른 세포와 연결하는 작은 돌기가 있다. 코끼리의 신경 세포에는 이러한 돌기가 엄청나게 많아 최대 100,000개의 연결을 형성할 수 있으며, 이는 인간보다 10배 더 많은 숫자다. 그러나 인간은 더 많은 수상돌기를 가지고 있다.

이러한 다양한 '연결 방식'은 코끼리가 우리와 다른 방식으로 생각한다는 것을 시사한다. 인간의 뇌는 빠르게 행동하고 결정을 내리도록 설계되어 있다. 반면 코끼리 뇌의 신경 경로가 더 길다는 것은 이 동물이 생각하는 데 시간이 조금 더 걸린다는 것을 의미할 수 있다. 이러한 새로운 신경 생물학적 발견을 통해 몇 가지 관찰된 코끼리의 행동도 그 의미가 한층 더 명확해졌다. 종종 코끼리는 방향을 바꾸거나 무언가에 반응하기 전에 잠시 멈춰 서서 완전히 가만히 있는 경우가 많다. 그러는 동안에도 코끼리는 항상 주의를 기울이고 있으며, 몸짓을 통해 소리를 듣고, 냄새를 맡거나, 주변을 관찰하며 모든 정보를 처리하고 있음을 알 수 있다. 내가 남아프리카의 아도 코끼리 국립공원에서 오랜 동료인 안톤 바오틱Anton Baotic과 함께 진행한 실험에서도 코끼리들이 여러 감각을 활용하여 최종적으로 결정을 내리는 과정을 확인할 수 있었다.

우리의 연구는 수컷 아프리카 사바나 코끼리의 감각 능력과 인지 능력을 조사하는 것이었다. 수컷 코끼리가 암컷의 저주파 울음소리로부터 사회적 정보를 들을 수 있는지 알고 싶었다. 이 연구의 특징은 기술적인 구현에 달려 있었다. 약 10헤르츠의 저주파 소리를 약 100데시빌(1미터 거리에서 측정했을 때)의 볼륨으로 재생해야 했다. 이와 같은 저주파 소리를 재생하기 위해서는 많은 에너

우리가 남아프리카에서 재생 실험을 위해 사용한 서브우퍼는 무게가 300킬로그램이고 길이가 약 2미터이며, 10헤르츠의 소리를 100데시벨로 재생할 수 있는 것이었다. 이는 코끼리 소리의 재생에 이상적인 기기다.

지와 함께 커다란 공명체가 필요했다. 남아프리카의 현장에서는 2평방미터의 공간을 차지하는 3백 킬로그램의 맞춤형 서브우퍼가 사용되었다. 안톤이 서브우퍼가 장착된 차를 운전했다. 코끼리는 소리의 방향을 정확하게 찾아낼 수 있기 때문에 우리는 실험 중에 덤불 뒤에 잘 숨어 있어야 했다. 만약 코끼리가 들리는 소리가 스피커에서 나오는 것임을 알아채기라도 하면, 다시는 이 개체를 대상으로 이런 실험을 할 수 없게 되기 때문이다. 코끼리는 그 어떤 것도 잊지 않는다는 말을 떠올려 보길 바란다. 언젠가 우리는 소리가 가짜임을 알아챈 수컷 코끼리를 경험한 적이 한 번 있었다. 그 코끼리는 우리를 만날 때마다 우리가 타고 다니던 서브우퍼가 장

117

착된 차를 유심히 살폈으며, 귀를 치켜 올리며 우리가 차를 돌려 떠날 때까지 위협했다.

다시 실험으로 돌아가자. 우리는 코끼리로부터 약 80~100미터 떨어진 거리에서 소리를 재생했다. 코끼리는 청각에는 예민하지만 시각은 그렇지 않다. 코끼리의 웅웅거리는 소리는 도달 거리가 길기 때문에 무엇보다도 장거리 통신에 사용된다. 나는 다른 차에 앉아 수컷 코끼리의 반응을 촬영했다. 무전기를 통해 안톤과 계속 연락을 주고받으며 실험을 조율하고, 또 암컷을 찾기 위해 수컷 코끼리가 다가오면 경고를 보내기도 하였다.

우리는 40여 마리의 수컷 코끼리에게 두 가지 다른 웅웅거리는 소리를 다양한 순서로 재생해서 들려주었다. 이는 아도 출신 암컷 코끼리, 즉 이미 알고 있는 암컷 코끼리의 웅웅거리는 소리와 남아프리카의 다른 지역에서 온 전혀 모르는 암컷 코끼리의 소리 두 가지를 들려주고 그 반응을 비교하기 위함이었다. 결과를 미리 말하자면 수컷 코끼리들은 아도 지역의 암컷 코끼리 소리보다 낯선 지역의 암컷이 내는 웅웅거리는 소리에 훨씬 더 활기차게 반응하고 매력을 느끼는 듯이 보였다. 자신이 나고 자란 가족이기도 한 암컷 코끼리의 웅웅거리는 소리는 제외하였다. 수컷 코끼리는 낯선 암컷의 웅웅거리는 소리가 들릴 때 확성기 쪽으로 더 자주 고개를 돌리고, 더 가까이 다가왔다. 방향 반응이라고도 하는 이러한 행동은 일반적으로 강한 선호도로 해석되고는 한다. 수컷 코끼리들은 재생한 소리에 대한 첫 반응으로 귀를 쫑긋 세우고, 머리를 들고, 먹는 것을 중단하고, 씹어대기를 멈추었다. 그들은 잠시 정지 상태에 돌입했다. 나는 그들의 사고 과정에 대한 통찰

이 동영상은 수컷이 모르는 암컷의 소리에 어떻게 반응하는지를 보여 준다. 우리가 먼저 그 소리를 재생한다. '우리'의 소리를 들은 후 수컷 코끼리는 머리와 귀를 들고, 먹는 것을 멈추고, 더 잘 듣기 위해 씹는 것도 중단한다. 잠시 후, 그는 스피커 쪽으로 정확히 몸을 돌리고, 낯선 암컷에 대한 후각 정보를 얻기 위해 코를 내민다.

을 얻은 듯한 기분이 들었다. 재생된 소리는 그들에게 인지되었고, 그 속에 들어 있는 정보를 처리하는 중이었다. 코끼리의 웅웅거리는 소리는 나이, 성별, 생식 상태 및 발성자의 정체에 대한 정보를 제공한다. 그에 덧붙여 아마도 소속된 무리에 대한 정보도 암호화되어 있을 것이다. 우리는 암컷 코끼리를 대상으로 한 실험을 통해 한 개체가 100마리 이상의 다른 개체의 소리를 구별하고 분류할 수 있다는 사실을 알게 되었다. 수컷 코끼리도 이와 비슷할 것으로 추정할 수 있다. 수컷은 음향 정보를 처리하고, 저장된 모든 지식과 비교하여 그 소리가 아는 암컷이 내는 소리인지 낯선 암컷이 내는 소리인지를 판단한다. 후각 정보를 얻으려는 시도도 종종 있었다. 예를 들어 어떤 수컷 코끼리는 생각하기 위해 비교적 긴 시간을 멈춘 다음 확성기 방향으로 정확하게 고개를 돌리고 코를 공중으로 내뻗었다. 이런 식으로 그는 암컷으로 추정되는 코끼리의 냄새를 감지하려고 노력했다. 후각 정보를 이용해 암컷의 정체를 더 잘 판단할 수 있었을 것이다.

창의적인 문제 해결사

코끼리와 같은 사회적 동물에게는 협동하는 능력도 매

우 중요하다. 지능에 대해 말하려면 행동의 유연성과 함께 문제 해결의 유연성도 고려해야 한다. 코끼리가 실제로 얼마나 유연하게 사고하는지는 조쉬 플로트닉Josh Plotnik이 아시아 암컷 코끼리를 대상으로 실시한 또 다른 실험, 즉 먹이 보상을 얻기 위해 두 마리가 동시에 협력하여 줄을 당겨야 하는 이른바 '줄 당기기 실험'을 통해 확인할 수 있다.

하지만 이 실험은 코끼리들이 함께 협력할 때야만 효과가 있다. 코끼리들은 이 개념을 금방 이해했다. 더욱이 한 암컷 코끼리는 자신은 밧줄을 발로 밟고 있기만 하고, 다른 코끼리에게 당기는 일을 맡겨버려도 이 실험이 작동한다는 사실을 발견하기도 했다. 바로 이 영리함이 회색 거인들의 특징이며, 이들을 가장 지능적인 동물 중의 하나로 만드는 것이다. 유연성과 창의성 덕분에 그들은 보호구역 근처의 인간 주거지에 침투하여 그곳의 자원을 활용하기도 한다. 아시아뿐만 아니라 아프리카의 많은 지역에서 인간과 코끼리의 만남은 일상적인 갈등이기도 하다. 인간은 코끼리가 주거지와 밭에 접근하기 어렵게 만들기 위해 장애물을 생각해낸다. 그럼 코끼리는 인간이 만든 장애물을 극복하기 위한 새로운 전략을 구상한다. 이러한 과정에서도 창의성이 필요하다.

이 동물이 전기 울타리를 넘는 다양한 방법은 아주 매혹적이다. 코끼리는 엄니에는 전기가 통하지 않는다는 사실을 알기에 이를 이용하여 전선을 끊어 버린다. 전선 위로 나무를 밀어 쓰러뜨리고, 전선을 건드리지 않은 채 울타리 기둥을 쓰러뜨리고 뽑아 버리기도 한다. 때로는 코끼리들은 서로 상대방을 밀어붙여 전깃줄을 파괴하기도 한다. 그다지 협력적인 방법은 아니지만 꽤 효과적인 방법이다. 그들은 발바닥으로 전선에 전기가 남아 있는지를 확인한 후에 넘어간다. 작은 동물들이 통과할 수 있도록 울타리가 특별히 높이 쳐져 있는 경우, 코끼리들은 배를 깔고 기어가기도 한다.

그러나 전기 울타리는 코끼리가 거주지나 밭으로 들어오는 것을 막기 위한 하나의 시도일 뿐이다. 많은 지역에서는 전력 공급이 여의치 않거나 아예 존재하지 않기도 하고, 전기 울타리를 설치할 재료조차 없는 경우가 많다. 그렇기에 다른 방법이 모색되기도 한다. 밭 주위에 고추를 심으면 코끼리의 접근을 막을 수 있다고 한다. 고추의 냄새와 맛이 코끼리의 예민한 감각을 자극하여 코끼리에게 불쾌감을 주기 때문이다. 케냐에서는 코끼리가 벌과 벌이 날아다니는 소리에 화들짝 반응한다는 사실을 이용하여, 벌집을 밭 주변에 설치하기도 한다. 일부 지역에서는 호랑이가 포효하는 소리를 스피커로 재생하여 코끼리를 위협하기도 한다. 이처럼 방법은 무수히 많지만, 그 중 어느 것도 코끼리를 영구적으로 몰아내는 데에는 성공하지 못한다. 코끼리는 처음 호랑이의 소리를 듣고 움찔하더라도 언젠가는 그 속임수를 알아차리게 된다. 커다란 수컷 코끼리는 호랑이를 두려워하지도 않는다. 인간과 코끼리 사이의 창의적인 아이디어 경쟁은 계속 진행 중이다.

코끼리는 인간의 활동에 맞추어 활동 시간을 조절하기도 한다. GPS 연구에 따르면 코끼리는 날이 어두워질 때까지 기다렸다가 사람들이 사는 거주지를 침입하는 것으로 나타났다. 때로는 초저녁에 이미 보호구역 경계에 와 있다가 완전히 어두워지면 그 경계를 넘기도 한다. 그 시간이면 더 적은 사람들과 마주치고,

더 쉽게 이동할 수 있다는 것을 알기 때문이다. 우리 인간이 동물의 행동을 읽어 내는 방법을 배우는 것처럼 코끼리 역시 우리 인간을 이해하는 법을 배운다. 코끼리는 우리를 관찰하고, 우리를 범주에 따라 나누기도 한다. 코끼리는 알고 있다. 인간이라고 해서 모두 같은 인간이 아니라는 사실을. 자신들에게 위험한 인간도 있고, 방해하지 않는 인간, 심지어 도와주는 인간도 있다. 케냐에서는 코끼리가 현지의 마사이족과 자주 갈등을 겪는다. 특히 마사이족 남자들은 코끼리를 쫓아내거나 창으로 사냥하기도 한다. 앰보셀리 국립공원에서 행동 생물학자인 카렌 맥콤Karen McComb은 그곳에 사는 코끼리 무리에게 "저기 코끼리 무리가 있어!"라는 동일한 문장을 각기 다른 종족의 언어로 들려주었다. 목소리의 주인은 나이, 성별, 출신 종족이 마사이족이나 캄바족 출신으로 달랐다. 두 종족은 서로 다른 언어를 사용한다. 그런데 코끼리는 마사이족 남자의 음성을 들었을 때만 두려워하며 달아났다. 오직 그들만이 코끼리를 사냥하기 때문이다.

　　이 영리한 동물은 목소리나 언어를 통해 사람의 나이, 성별, 인종을 인식하고, 그로부터 위협이 되는지 여부를 추론하는 방법을 배웠다. 그럼에도 불구하고 그들의 모든 지식과 감각적 능력, 그리고 이 거대하고 매혹적인 뇌에서 이루어지는 정보 처리와 사고력이 그들을 모든 위협으로부터 보호할 수는 없다.

　　우리들 인간 또한 그들과의 공존을 위해 인지 능력을 더욱 강력하게 발휘해야 한다. 우리는 코끼리가 우리와 다르게 생각하고, 다르게 행동하며, 그들만의 우선순위를 가지고 세상을 다르게 인식한다는 것을 받아들여야 한다. 하지만 그들의 지능과 우리

2019년 보츠와나의 오카방고 델타에서 구나르 하일만Gunnar Heilmann과 함께한 음향 녹음 및 음향 카메라 촬영. 코끼리 자부Jabu는 고아 코끼리였는데, 보호자 더글라스 그로브스Douglas Groves에게 맡겨졌고, 그로브스(자부 옆에 있는 사람)가 자부를 키웠다.

의 지능, 인간과 코끼리의 유연성과 창의성은 마침내 모두가 공존할 방법을 찾을 수 있을 것이라는 희망을 품게 한다.

8장
무리 활동에서 가모장의 역할

아프리카의 한여름인 1월, 아도 코끼리 국립공원의 동물들은 목이 탄다. 나는 하푸르 물웅덩이에 도착하는 코끼리 무리를 관찰하고 있다. 50마리 남짓 되는 큰 무리다. 나는 이 무리가 어제저녁 근처에서 관찰하며 소리를 녹음하기도 했던 B그룹이라 추측한다. 조금 더 자세히 보기 위해 망원경을 들고, 코끼리 암컷들에 초점을 맞춘다. 이 그룹이 어떤 그룹인지 분명히 알 수 있도록, 유난히 도드라진 외모의 암컷 코끼리를 찾는다.

나는 아도에서 12년 넘게 코끼리를 연구해 왔다. 아도에는 남아프리카공화국에서 가장 잘 알려진 코끼리 개체군이 있으며, 코끼리들의 혈통도 잘 알려져 있다. 이것이 내가 2011년에 아도에서 현장 연구를 강화하기로 결정한 이유 중 하나였다. 또한 크루거 국립공원을 제외하고, 외부 다양한 지역에서 이주해 온 코끼리가 없는 유일한 개체군이다. 그렇기에 이 코끼리들은 음성 방언을 연구하기에 아주 적합한 대상이다. 나는 코끼리들이 어두워져 시각적으로 서로를 볼 수 없는 상황에서, 어떻게 청각적인 음향 신호를 보내 서로 소통하는지, 또 자신의 무리를 특정할 수 있는지를 알고 싶었다.

구별되는 특징으로서의 귀

코끼리를 개별적으로 인식하기 위해 과학자들은 가장 먼저 코끼리의 자연적인 신체 특징을 활용한다. 귀에는 종종 특징적인 홈이나 구멍이 있어, 이를 통해 쉽게 식별할 수 있는 경우가 많다. 우리가 만든 '코끼리 카탈로그'에는 많은 개체의 양쪽 귀 사진이 있으며, 덧붙여 다른 신체적인 특징들도 기록되어 있다. 엄니는 때때로 위쪽, 바깥쪽 또는 아래쪽에 달려 있기도 하며, 어떤 코끼리는 엄니가 하나만 있는 경우도 있다. 그러나 아도에서 살고 있는 대부분의 암컷 코끼리에게는 엄니가 아예 없다.

나는 코끼리들 중에서 버블즈Bubbles를 오른쪽 귀를 보고 식별한다. 그녀는 아래쪽 가운데쯤에 비교적 큰 길쭉한 홈이 있고, 위쪽 오른쪽 가운데에 작은 구멍이 있다. 버블즈의 뒤에는 브리디Bridie가 보이는데, 그녀는 오른쪽 귀의 아래쪽에 네모난 홈이 있다. 이 두 코끼리를 식별하고 나는 눈앞에 보이는 코끼리들이 B그룹이라고 확신한다. 1983년생인 버블즈와 그보다 세 살 위인 브리디는 사촌 사이다. 그들의 증조할머니는 버터컵Buttercup으로 1938년부터 2000년까지 살았으며, 오랫동안 그녀의 이름을 딴 B모계 무리의 가모장이었다. 그들은 먹이 활동을 할 때는 작은 무리로 흩어지지만 보통은 국립공원 중앙에 있는 큰 물웅덩이에서 대부분 함께 모인다.

아도 코끼리 국립공원에는 총 7 무리의 '모계Matrilinien', 즉 서로 다른 일곱 무리의 암컷 혈통이 있으며, 식별을 위해 A, B,

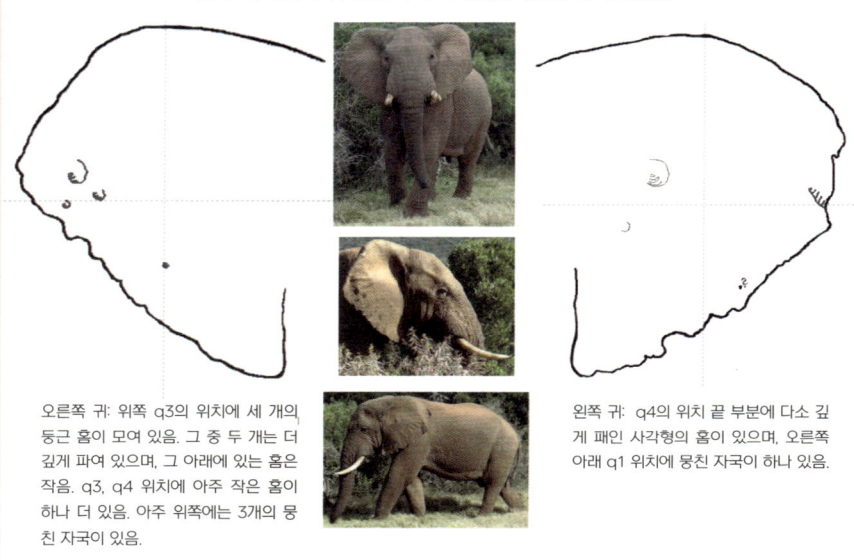

코끼리의 카탈로그에는 개체의 특별한 신체적 특징과 양쪽 귀 사진을 기록한다.

H, L, M, P, R이라는 알파벳으로 표시하고 있다. 이들은 저마다 큰 무리를 이루지만 종종 핵가족으로 나뉘기도 한다. 아도의 핵가족은 평균 2~6명의 성인 여성, 주로 어머니와 딸, 자매 또는 사촌으로 구성되며, 4~5년 정도의 나이 차이가 나는 어린 자녀를 각자 두고 있다. 딸들은 평생을 어머니 무리와 함께 지낸다.

코끼리들을 관찰하며 어느 정도 시간이 지나자 또 다른, 숫자가 더 적은 무리가 나타났다. 나는 엄니가 있는 것을 보고 카타리나Catharina와 치키 찹스Cheeky Chops임을 알아보았다. 이 두 마리

버블스Bubbles는 오른쪽 귀의 아래쪽 패인 부분과 그 위쪽에 있는 작은 구멍으로 잘 알아볼 수 있다.

코끼리는 아도에 있는 코끼리들 가운데 두 개의 엄니를 가진 몇 안 되는 성체 암컷이다. 1970년과 1974년에 태어난 자매들이다. 이들의 어머니는 오른쪽에만 엄니가 있었으며, 버터컵의 여동생이었다. 그러니 이들 무리는 버블스 무리와 친척이며, B 모계 무리에 속한다. 카타리나와 그녀의 무리는 보통 버블스와 같은 지역에서 지내지만 다른 무리와도 정기적으로 만나 함께 시간을 보내기도 하는 등, 별도의 무리를 형성하는, 전형적인 분열-융합 사회Fission-Fusion-Gesellschafts를 보여 준다.

버블스 무리는 이미 물을 마시고 목욕을 하는 등 바쁘게 움직이고 있다. 몇몇 덜 자란 수컷들이 물속에서 함께 장난을 친다. 서로의 등에 올라타고, 밀치고, 물속으로 밀어 넣기도 한다. 카타리나가 무리와 함께 도착하자 버블스와 다른 암컷 몇 마리가 그들을 향해 고개를 돌리고, 서로 냄새를 맡으며 긴 울음소리를 낸다. 인사를 나누기는 하지만 그다지 시끌벅적하지는 않다. 아마도 두 무리는 밤새 서로 가까이에서 지내다가 잠시 떨어져 있었을 것이다. 코끼리 무리 사이의 인사는, 이미 설명했듯이 큰 트럼펫 소리, 포효, 웅웅거리는 소리 등이 동반된다. 때때로 무심하고 조용히 인사를 나누기도 하지만, 항상 인사는 이루어진다. 카타리나 무리는 버블스 무리와 뒤섞여 함께 물을 마시고, 목욕을 한다.

주도권을 잡고 있는 암컷

버블스, 카타리나, 치키 찹스는 엄마이자 할머니이며, 그렇기에 이들은 무리의 중요한 구성원들이다. 코끼리는 여러 세대가 함께 살아가는 몇 안 되는 포유류 중 하나다. 코끼리 무리는 암컷이 주도권을 쥐고 있다. 무리는 서로 친척인 암컷 코끼리와 그들의 자손으로 구성된다. 인간 모계사회의 경우 어미로부터 딸에게 사회적 특성과 지식이 전수되는 것이 특징이다. 코끼리 무리도 그러할까? 사회적 네트워크, 삶의 조건에 대한 지식, 심지어는 '문화'와 같은 것이 세대에서 세대로 유전되고 전수될까? 과학적 연구 결과는 이러한 가정을 뒷받침해 주고 있다.

케냐 암보셀리 국립공원Amboseli-Nationalpark에서 이루어진 장기간 연구에 따르면 어미와 할머니가 모두 있는 새끼 코끼리는 그렇지 않은 다른 새끼들보다 생존 확률이 더 높은 것으로 나타났다. 어미가 오래 살면 그녀의 딸들은 더 많은 새끼를 낳고, 더 성공적으로 키워내고는 했다. 이는 주로 가모장 토끼리의 역할을 하는 할머니 코끼리의 삶의 경험 때문인 것으로 토인다. 한 가지 예를 들자면, 가모장 코끼리가 건기에 물을 어디에서 찾을 수 있는지를 알고 있으면 새끼들이 생존할 확률이 더 높아질 것이다.

또한 가모장 코끼리는 수십 년 동안에 걸쳐 사회적 네트워크와 지식을 쌓아 왔으며, 이는 아마도 우리가 코끼리의 지혜라고 부르는 것의 원천일 것이다. 그녀는 자신의 무리에 속한 코끼리들을 잘 알고 있다. 경험이 많은 가모장 코끼리일수록 다른 코끼리들의 울음소리를 더 잘 파악할 수 있고, 누가 친척인지 아니면 낯선 코끼리인지를 알아채고 그에 따라 반응한다.

이 연구에 따르면 어미가 일찍 죽은, 젊고 경험이 부족한 암컷 가모장들은 훨씬 더 자주 스트레스를 받으며, 새끼들에게 필요 이상의 과도한 보호 조처를 취할 가능성이 더 높다. 예를 들어, 어미 코끼리가 새끼들을 중앙으로 몰아넣고 둥글게 에워싸는 '고슴도치 진'이란 보호 조처를 취하고 큰 소리를 지르는 등의 행동을 하는 경향이 있다. 이러한 반응은 새끼들에게 안전을 제공하지만 에너지가 많이 소모되고, 무리 전체에 스트레스를 부과한다. 암보셀리의 동료들에 따르면, 코끼리들은 매년 약 175차례 다른 무리들과 마주치는데, 젊은 우두머리의 불안감이 전체 무리의 복지와 체력에 명백한 영향을 미칠 수 있다고 한다.

아주 드물기는 하지만 실제로 낯선 무리가 새끼들을 납치하는 경우가 더러 발생하기 때문에 자기 무리의 새끼들을 보호하는 것은 그 무엇보다 중요한다. 코끼리 연구자들은 이러한 행동이 지배력을 과시하는 극단적인 방식일 것이라 추측하고 있다. 일부 코끼리들은 이러한 맥락에서 매우 공격적으로 행동한다. 기록된 문서를 보면, 코끼리 무리가 자신들의 새끼를 되찾아 오는 데 성공한 경우도 있었다. 40년 넘게 앰보셀리 국립공원에서 코끼리를 연구해 온 신시아 모스Cynthia Moss는 여러 마리 가모장 암컷이 동맹을 형성한 다음 새끼 코끼리를 구출한 사례를 관찰한 적이 있었다. 그 전에 어미 코끼리는 혼자서 달려들었다가 납치범 무리들에게 공격을 받아 밀려났다. 어미 코끼리들은 밀접한 대형을 형성하였고, 적의 무리를 뚫고 새끼를 구출해낼 수 있었다. 스리랑카의 아시아 코끼리 무리와 아프리카의 숲 코끼리 무리에게서도 비슷한 행동이 보고되었다.

아도의 물웅덩이에서 한 시간 반 남짓 지나자 카타리나가 가장 먼저 이동해야겠다고 결심한다. 특별한 의례적인 행동—'가자!Let's go'—을 기록할 수 있는 좋은 기회이기에 나는 매우 기쁘다. 이 의례는 우두머리 코끼리가 먼저 무리에서 다소 떨어져, 가고자 하는 방향으로 몸을 돌리고, 귀를 움직이면서 길고 커다란 웅웅거리는 소리를 내는 것으로 시작된다. 그 다음에는 무리의 다른 코끼리들이 소리를 내고, 우두머리 코끼리도 다시 웅웅거리는 소리로 반응한다. 무리의 다른 코끼리들이 하나 둘씩 도착해 카타리나와 합류한다. 그러나 카타리나는 여전히 가려는 방향으로 몸을 돌린 그대로 움직이지 않는다.

10분이 지난 뒤에도 그녀는 여전히 그 자리에 서 있다. 6~8살 정도 되는 사춘기 수컷 코끼리 두 마리가 여전히 버블스 무리의 또래들과 물놀이를 이어가고 있기 때문이다. 그 모습은 내게 웃음을 자아내게 만든다. 코끼리의 어미와 할머니는 자식들에 대한 인내심이 대단하다. 그래서 카타리나는 몇 분 후에 다시 웅웅거림을 반복하고, 또 얼마 뒤에 다시 웅웅거림을 반복한다. 그렇게 전체 무리가 15분 정도 더 기다리고 난 다음에야 어린 수컷들이 합류한다. 그때까지 무리는 참을성 있게 기다린다. 두 수컷이 도착하고서야 무리는 마치 명령을 받기라도 한 것처럼 함께 행진을 시작한다.

여성의 연대와 모성의 지혜

어떠한 상황에서든 코끼리 무리에 속한 암컷들이 보여주는 협동심과 결속력은 정말 매력적이다. 새끼 코끼리가 강이나 깊은 물웅덩이에 빠졌을 때 서로를 도와 구조한다. 젊은 어미 코끼리들은 종종 절망하거나 어쩔 줄 몰라 하기도 한다. 그럴 때마다 경험이 많은 암컷들이 침착함을 유지하고 조율하여 새끼를 위험한 상황에서 구해낸다. 생명이 위급한 정도는 아니지만 여성의 연대가 필요한 상황에 부딪히면 언제든 서로를 지원한다. 특히 기억에 남는 일이 하나 있다.

국립공원 남쪽 지역에 있는 작은 물웅덩이에서 코끼리 무리를 관찰하던 중이었다. 코끼리들은 산발적으로 와서 물을 마시고, 그런 다음 다시 저마다 흩어져서 풀을 뜯어 먹기 시작했다. 그때 25살 정도로 추정되는 수컷 코끼리 한 마리가 물웅덩이로 다가왔다. 암컷 두 마리가 아직 물을 다 마시지 않았는데, 수컷 코끼리가 물웅덩이를 차지하기 시작했다. 그러자 암컷 중 한 마리가 도움을 받기로 마음을 정하고, 돌아서서 큰 소리를 질렀다. 두 마리의 다른 암컷들이 즉시 돕기 위해 왔고, 이제 네 마리가 된 암컷 코끼리들은 수컷과 마주 보고 서서 수컷을 밀어내며, 마지막 암컷이 충분히 물을 마실 때까지 끈질기게 기다렸다.

어미 코끼리들은 자신의 경험으로부터 얻은 지혜로 딸들이 짝짓기를 할 때에도 도움을 준다. 코끼리의 짝짓기는 흥미롭기도 하지만 스트레스를 많이 주는 일이다. 특히 처음으로 발정을 하는 젊은 암컷에게는 매우 두려운 경험이기도 하다. 따라서 젊은 암컷 코끼리가 올바른 결정을 내리고 적절하게 행동하도록 하는 것이 특히 중요하다. 암컷 코끼리는 보통 11살에 처음으로 발정기에 들어선다. 이 나이의 암컷 코끼리들은 어깨높이가 2미터 정도이며 약 2톤의 무게가 나가기는 하지만 여전히 상대적으로 작고 여리다. 수컷은 두 배 이상의 무게가 나가고 힘 또한 강하다. 경험이 없는 암컷 코끼리는 이런 수컷을 피해 달아나다가 결국 더 어리고 힘이 덜한 수컷을 만나는 경우가 종종 있다. 그리고 젊은 암컷들은 놀랍도록 빨리 달릴 수 있으며, 일반적으로 커다란 수컷 코끼리보다 훨씬 빠르기도 하다.

그러나 가장 좋은 결정은 가장 지배적인 수컷과 짝짓기를 하는 것이다. 경험 많은 암컷은 이 사실을 익히 알고 있으며, 짝짓기 준비가 되었을 때 젊고 경험이 부족한 수컷을 피한다. 그리고 가장 지배적이고 강한 수컷을 받아들인다. 왜냐하면 그 수컷이 더 이상 자신들의 곁을 떠나지 않을 것이고, 젊고 덜 매력적인 경쟁자들을 물리쳐 줄 것이기 때문이다. 젊은 암컷이라면 어미와 이모의 이러한 행동을 반복적으로 관찰하고 배워 나가는 것이 중요하다. 그리고 실제로 코끼리의 짝짓기는 가족 형사이기 때문에 피할 방법이 없다. 짝짓기는 준비가 된 암컷이 먼저 수컷 앞에 달려가는 것으로 시작된다. 수컷은 그녀를 따라가고, 나머지 무리도 함께 따라간다. 그녀가 속도를 늦추면 수컷은 암컷의 등에 코를 올려놓고 가만히 서 있으라는 신호를 보낸다. 수컷이 마침내 암컷을 올라타면, 그 쌍은 나머지 무리에 둘러싸이고, 이어서 높고 큰 트럼펫 소리, 포효, 그리고 웅웅거리는 소리들이 뒤따른다.

　　　암컷에게는 짝짓기 상대를 선택하는 것이 아주 중요하다. 임신과 이후 이어지는 새끼의 양육에는 막대한 투자가 필요하기 때문이다. 어미 코끼리는 4~5년마다 한 다리의 새끼를 낳는다. 코끼리는 전체 포유류 중에서 가장 긴 임신 기간을 보내며, 그 기간은 무려 22개월(평균 680일)이다. 코끼리의 긴 임신 기간은 여러 가지 요인에 기인하는 것으로 보인다. 한편으로는 코끼리의 신진대사가 상대적으로 느려 태아 발달에 영향을 미친다. 반면에 생식 생물학자에 따르면 뇌 발달이 가장 중요한 역할을 하는 것으로 보인다. 태어날 때 새끼 코끼리는 완전히 발달한 상태이며, 일찍부터 자신의 코를 의도에 맞게 사용할 수 있다.

　　　섬세한 운동 능력을 위해서는 훈련이 필요하기는 하지만, 인간 아기와 비교했을 때 코끼리는 앞서 있다. 인간 아기는 '단지' 33개의 손 근육만 조정하면 되지만 새끼 코끼리는 40,000개 코 근육을 조정해야 한다. 코끼리의 긴 임신 기간에 대한 또 다른 요인은 갓 태어난 코끼리가 출생 직후에 무리와 함께 이동할 수 있어야 한다는 요구 사항 때문일 것이다.

가족 행사인 출산

대부분의 경우 코끼리는 어미 몸무게의 3~4%, 즉 80~100kg에 불과한 새끼를 한 마리만 낳는다. 아주 드물게, 정확히 말하면 1%의 경우에 쌍둥이가 태어난다. 아도에서는 최근 몇 년 동안 운이 좋게도 두 쌍둥이를 맞이할 수 있었다.

코끼리의 탄생은 짝짓기와 마찬가지로 가족 행사이며 무리 속에서 이루어진다. 암컷은 서서 새끼를 낳는다. 진통이 시작된 후 출산 과정은 몇 분밖에 걸리지 않는다. 가장 바람직한 경우라면 새끼 코끼리의 머리와 앞발이 먼저 나온다. 무리는 몇 분 동안 큰 소리로 웅웅거리는 소리를 내지르고, 트럼펫 소리, 커다란 포효와 함께 새로 태어난 새끼를 환영한다. 무리는 새끼 주위를 둥글게 둘러싸서 포식자가 어린 코끼리에게 위협을 가할 가능성을 배제한다. 어미와 무리의 다른 구성원들은 새끼를 열심히 핥아 주며, 동시에 그 냄새를 기억한다. 그들은 새끼가 일어설 수 있도록 돕고, 코로 들어 올려 준다.

새끼의 다리가 매우 불안정하고 흔들릴 때 몸통을 잡고 받쳐 주기도 한다. 출생 후에는 새끼가 힘을 회복할 수 있도록 모유를 먼저 먹게 하는 것이 중요하다. 어미는 새끼를 이끌어, 입에 젖을 물려 준다. 초유라고 일컫는 포유류의 첫 번째 젖은 어미가 만들어 낸 항체가 들어 있어 면역 방어를 돕기 때문에 새끼에게는 필수적이다. 1~2시간 이내에 새끼 코끼리는 걸을 수 있게 되고 무리를 따라 천천히 이동할 수 있게 된다. 가모장 암컷은 항상 가장 약한 구성원의 속도에 맞추어 걸음의 속도를 조절하며, 새끼가 휴식을 취할 때에는 잠시 멈춰 서기도 한다.

새끼 코끼리는 최대 2년 동안 어미의 젖에 의존한다. 그 2년 동안 어미가 젖을 먹일 수 없거나 죽기라도 하면 새끼는 생존할 가능성이 거의 없다. 그 이후에는 생존에 필수적이지는 않지만 일반적으로 다음 새끼가 태어날 때까지 어미에게서 4~5년 동안 젖을 먹는다. 때로는 그 이상 계속 젖을 먹기도 한다. 나는 아도에서 어미의 젖을 두고 두 남매가 싸우는 흥미로운 장면을 목격한 적도 있었다. 다섯 살짜리 수컷 새끼 코끼리와 한 살짜리 암컷 동생이 어미의 젖꼭지를 사이에 두고 다툼을 벌이고는 했다. 어린 새끼는 젖을 먹고 싶어 했지만, 거듭 오빠에게서 밀려났다. 처음에는 조심스럽게 다가갔지만 오빠는 반복적으로 머리로 그녀를 옆으로 밀어 버렸고, 참다못한 동생이 커다란 소리로 항의를 하기도 했다. 다시 한번 우리 아이들의 다툼이 떠올라 미소를 참을 수가 없었다. 그런데 어미의 반응은 누구에게도 젖을 먹이지 않고 계속 행진하는 것이었다.

일반적으로 젖을 먹이는 것은 코끼리 어미와 새끼의 유대감 형성에 중요한 역할을 하는 것으로 보인다. 새끼가 젖을 먹기 시작할 때마다 어미는 길고 차분한 웅웅거리는 소리를 낸다. 어미는 또한 젖을 먹이는 동안 새끼와 계속 청각적으로 소통한다. 무리의 다른 구성원들도 서로 접촉을 유지하기 위해 반복적으로 웅웅거리는 소리를 이어 간다.

모든 가족은 그들만의 방언이 있다

나는 이런 청각적 상호작용에 특히 흥미를 느낀다. 코끼리들은 더 이상 직접 볼 수 있는 시야를 벗어나게 되면 소리를 통

이 동영상에서는 작은-왼쪽-엄니 코끼리와 그녀의 새끼 코끼리가 보인다. 새끼가 젖을 먹기 시작하자 어미가 진정시키는 소리를 내는 것을 들을 수 있다.

해 연락을 유지한다. 이러한 접촉 호출은 개체마다 다르지만, 가족의 고유한 특성이 있을 수도 있다. 여러 동물원의 코끼리 무리를 관찰한 결과, 같은 무리 내에서 각각이 내는 웅웅거리는 소리가 서로 유사하다는 것을 발견했다. 서로 관련이 없지만 사회성이 좋은 다른 동물들 사이에서도 이는 마찬가지다. 특히 코끼리는 사람의 방언과 비슷한 자신들만의 방언을 발달시킨다. 큰 개체군 내에서는 모두 같은 언어를 사용하지만 지역에 따라 세부적으로 다른 '방언'을 사용한다. 아도의 모계를 중심으로 하는 가족 집단에서도 비슷한 일이 일어날 것이라고 추측한다. 그곳에서 어린 코끼리들

새끼 코끼리는 최대 2년 동안 어미의 젖에 의존한다. 뿐만 아니라 그들에게는 전체 무리의 보호와 지원도 필요하다. 무리에서 분리된 새끼는 혼자서는 생존할 가능성이 없으며, 그 이유 중 하나는 사자와 다른 육식동물의 먹이가 되기 쉽기 때문이다.

은 시간이 지남에 따라 어미와 할머니의 가족 방언을 배우게 될 것이다.

몇 년 전부터 유럽의 동물원들은 이러한 암컷의 특수한 사회 구조를 개선하기 위해 노력하고 있다. 딸들을 더 이상 어미와 분리시키지 않으려고 한다. 한 번 헤어진 암컷 가족을 재결합시키기 위한 노력도 계속되고 있다. 코끼리들은 수년 동안 헤어진 후에도 서로를 즉각 알아볼 수 있기 때문에 나는 이 새로운 발전을 매우 환영한다. 반면에 서로 낯선 코끼리들을 사회화시키려면 코끼리들이 천천히 서로를 알아가며 익숙해져야 하며, 공격적으로 반응하지 않도록 충분한 시간을 주어야 한다. 모든 노력에도 불구하고 새로운 무리로 옮겨진 코끼리가 제대로 어울리지 못하는 경우가 있다. 그들은 외부인으로 남아 무리 내에 편입되지 못하거나, 때로는 심한 경우 신체적 공격을 받기도 한다. 이러한 생활 조건에서 피해를 당하는 개체는 큰 고통을 겪는다. 사회적인 동물이 편안함을 느끼기 위해서는 사회적 파트너가 반드시 필요하다.

내가 2001년 비엔나 쇤브룬 동물원에서 연구를 시작했을 때 그곳에는 가모장 코끼리인 통가Tonga를 비롯하여 점보Jumbo, 드럼보Drumbo, 사비Sabi 등 네 마리의 암컷 코끼리가 있었다. 이들은 모두 짐바브웨와 남아프리카공화국 등 아프리카 국가 출신으로 살처분 작업에서 살아남은 새끼 상태로 유럽에 도착했다. 당시에는 흔한 일이었지만 오늘날 과학적으로 관리되는 동물원에서는 더 이상 야생에서 포획된 동물을 수용하지 않는다.

점보는 1964년 5살의 나이로 비엔나에 도착한 이 코끼리 무리에서 가장 나이가 많은 암컷 코끼리였다. 드럼보와 사비는 뮌헨의 헬라브룬Hellabrunn 동물원에서 한동안 서로를 알고 지내다가 1992년 비엔나로 함께 이주했다. 특히 드럼보는 1987년 새끼 시절 뮌헨 동물원에 온 어린 사비를 돌봐주었고 두 코끼리는 매우 잘 지냈다. 사비나 드럼보 모두 성격이 지배적이지는 않았고, 매우 사교적인 암컷 코끼리였기 때문에 두 코끼리는 비엔나에서 점보와도 매우 친한 친구가 되었다. 사비는 또한 엄니가 없었기 때문에 어차피 순위 싸움에서는 큰 단점이 되었을 것이다. 헬라브룬에 세 번째로 온 안나는 1년 후 비엔나로 왔지만 내가 쇤브룬 동물원에서 코끼리 연구원으로 일하기 전인 2000년에 죽었다.

통가는 사육 환경이 열악한 이탈리아 사파리 공원에서 1998년 쇤브룬 무리에 합류했다. 통가는 타고난 성격이 매우 지배적인 암컷이었기 때문에 열세 살에 쇤브룬의 가모장 코끼리의 역할을 맡게 되었다. 이전의 집단 구성이 모계 중심이 아니었고, 오랜 세월에 걸쳐 축적된 풍부한 경험에 대한 지식이 집단의 생존을 좌우하지 않는 동물원에서는 코끼리 사회 구조가 다르게 작동한다. 이러한 경우 무리는 일반적으로 가장 지배적인 암컷이 이끌며, 암컷 코끼리는 무리에서 가장 어리더라도 서열에서 우위를 점하기도 한다.

사비와 아부 이야기

사비는 유럽에서 인공수정으로 새끼를 낳을 최초의 아프리카 암컷 코끼리로 선정되었다. 2001년 4월 25일에 아부라는 새끼를 낳았다. 아부는 매우 활기찬 코끼리로 우리 안을 뛰어다니며 비엔나 사람들의 사랑을 한 몸에 받았을 뿐만 아니라 내 학위 논문의 주인공이기도 했다. 나는 3년 동안 그의 소리 발달 과정을 기록했다. 그의 장난기와 자신감 넘치는 성격은 아주 특별했다. 어미가 즉시 젖을 물리지 않으면 동물원 전체에 들릴 정도로 큰 소리를 지르며 항의하곤 했다.

그런데 비극적인 일이 발생했다. 네 번째 생일 직전에 코끼리 사육사를 죽이는 사건이 일어났다. 2006년, 아부와 그의 어미 사비는 할레 안 데어 살레Halle an der Saale에 있는 동물원으로 보내졌다. 아부는 아직 6살(실제로 동물원 코끼리의 이송 연령 제한은 6살이다)이 되지 않았기 때문에 아부는 어미와 동행해야 했다. 하지만 사비에게 이 일은 무리와 헤어져야 한다는 것을 의미했다. 그 무리에는 드럼보가 있었는데, 드럼보는 사비가 새끼였던 시절 유럽에 왔을 때부터 사비의 중요한 사회적 파트너이자 일종의 대모 역할을 해왔다. 당시 나는 드럼보가 정말 안쓰러웠다. 이 변화가 사비에게 큰 상실감과 많은 스트레스를 줄 것이라는 것을 알았기 때문에 슬펐다. 아부는 독일에서의 새로운 생활에 비교적 잘 적응했지만, 사비는 무리에 적응하는 데 어려움을 겪었다. 비엔나의 보호자들이 사비를 다시 데려오고 싶어 했지만 승인되지 않았던 것으로 기억한다. 2009년 7월, 사비는 네덜란드의 사파리 공원인 비크세 베르겐Safaripark Beekse Bergen으로 갔다. 그녀는 현재 큰 수컷 코끼리인 칼리메로Calimero와 할레와 부퍼탈Halle und Wuppertal에서 온 여러 암컷과 함께 살고 있다. 사비는 다시는 엄마가 되지 못했지만 카를라Carla라는 코끼리와 친구가 된 것으로 알려졌다. 현재 스물두 살인 아부는 이미 다둥이 아빠다. 그리고 2023년 중반, 아부는 쇤브룬 동물원으로 돌아와 번식용 수컷으로서 새끼를 낳았다. 현재 쇤브룬 동물원에는 이전 비엔나 코끼리 무리로는 통가와 그녀의 딸들만 남아 있다. 점보는 2005년에 죽었고, 드럼보는 최근에야 체코의 드보르 크랄로베Dvůr Králové 동물원에 있는 노인 거주지로 옮겼다. 드럼보는 잘 짜인 일상을 좋아했고, 일상의 변화는 항상 드럼보를 당황하게 만들었다. 사비는 훈련 중에 새로운 행동을 매우 빠르게 배울 수 있었지만, 드럼보는 항상 조금 더 오래 걸렸다. 드럼보는 다른 코끼리들처럼 행동이 유연하지 못했다. 그러나 비엔나에서 드럼보는 우두머리인 통가에게 점점 더 많은 고통을 받았고, 최근 두 차례 통가와의 싸움으로 가벼운 상처를 입어 결국 2020년 드럼보를 옮기기로 결정하게 되었다. 그녀는 현재 드보르 크랄로베에서 다른 나이든 암컷 코끼리들과 함께 살고 있다. 보통은 나이가 많은 동물은 옮기지 않는 것이 관례이지만, 이 경우에는 드럼보에게 최선의 방책이라는 데 모두가 동의했다.

점보, 사비, 드럼보, 통가는 내가 소리와 행동을 연구한 최초의 암컷 코끼리들이었다. 이들과 많은 시간을 함께 보내다 보니 목소리만 들어도 모두 알 수 있을 정도였다 현재 통가와 2003년에 태어난 딸 몽구Mongu, 2013년에 태어난 이크와qhwa는 쇤브룬의 모계 혈통을 이루고 있다. 나는 몽구가 태어난 지 10분 후부터 몽구의 소리와 통가와 나누는 의사소통을 기록하기 시작했다. 태어나자마자 그 행동을 관찰할 수 있었다는 것이 내게는 소중한 특권이었다. 특히 동물원에서도 경험 많은 어미의 사회적 지식은 출생 시 매우 중요한 역할을 하기 때문이다. 왜냐하면 아프리카 사바나의 큰 무리 속에서 자라며 새끼를 낳을 때까지 이미 여러 번의 출산을 관찰한 동종 동물들과 달리, 동물원의 암컷들은 무슨 일이 일어나고 있는지 정확히 알지 못하고 상황에 압도당하는 경우가 많기 때문이다. 사비는 2년 전에 아부를 출산하였고, 출산 경험이 없는 통가의 곁에서 출산 과정을 도와주었다. 통가는 분만하는 동안 많이 움직였고, 걷다가 말 그대로 새끼를 '놓쳐버렸다'. 통가는 잠시 동안 계속 걷다가 돌아서서 바닥에 누워 있는 새끼를 발견하고도 멀리서 바라보기만 했다. 처음 새끼에게 다가가 코로 만져 본 다음, 통가에게 모든 것이 괜찮다는 신호를 보낸 것은 사비였다.

나는 지금도 몽구에 관해 연구하고 있으며, 특히 몽구의 소리에 관심이 많다. 몽구는 내게도 매우 특별한 코끼리이고 나는 그녀의 목소리와 그 특징을 속속들이 알고 있다. 나는 통가, 몽구, 이크와가 평생을 함께할 수 있고, 과학적으로 관리하고자 하는 동물원이 동물의 이주 여부를 결정할 때 사회적 유대감을 항상 고려하고 있다는 사실을 기쁘게 생각한다.

잊혀지지 않는 가족

2020년 독일의 할레 안 데르 살레 동물원에서는 아프리카 암컷 코끼리 포리Pori와 그녀의 딸 타나Tana, 또 타나의 새끼 두 마리가 재회한 적이 있었다. 포리와 타나는 12년 동안 서로를 보지 못했다. 독일 동료들은 이 재회를 과학적으로 모니터링했고, 나의 학생 중 한 명이 그들과 협력하여 소리를 녹음했다. 예상대로 두 동물은 오래 헤어져 있었음에도 불구하고 서로를 바로 알아보았다. 자연 서식지에서 아프리카 코끼리들이 하는 인사 의식이 이어졌다. 또한 할머니 포리는 한 번도 접촉한 적이 없는 두 손주에게도 매우 다정하게 반응했다. 포리는 그들이 친척이라는 사실을 알았을 것이다. 코끼리들이 서로에게 보인 긍정적인 반응은 모계 혈통이 오랜 이별 후에도 함께한다는 것을 분명히 보여 준다. 우리가 얻은 이 지식이 동물원 코끼리들의 사육 환경을 지속적으로 개선하는 데 도움이 되기를 바란다. 그러나 이러한 노력이 모계 혈통에만 적용되어서는 안 될 것이다. 동물원에서는 혈연관계가 없는 코끼리들 사이에서도 강한 사회적 유대감이 형성되는 경우가 많기 때문이다. 이러한 우정도 인정되고 유지되어야 한다.

암컷 코끼리는 평생 학습자다. 그들은 관찰하고, 모방하고, 경험을 쌓아 간다. 때로는 실패하기도 하고 가족의 도움과 지원을 받기도 한다. 한 모계 무리의 가모장이 늙고 쇠약해지면 딸이 가모장 역할을 이어받는다. 가장 좋은 전개는 딸이 어머니로부터 배울 수 있는 충분한 시간을 가지고, 어머니가 딸에게 모든 지식을 전수하는 경우다. 그런데 경험 많은 어미가 가장 큰 엄니를 가진 가장 큰 동물이라는 이유로 밀렵꾼이나 사냥꾼의 희생양이 되면 딸은 너무 일찍 가모장의 역할을 맡아야 할 수도 있다. 때때로 어린 코끼리는 이 일에 압도되어 잘못된 결정을 내리기도 한다. 그들은 불안정하고 코끼리 사회에서 잘 지내지 못한다. 따라서 경험 많은 동물의 죽음은 코끼리 어미와 할머니의 죽음뿐만 아니라 지식과 경험의 단절을 의미하며, 전체 무리와 궁극적으로 무리의 생존에 막대한 영향을 미칠 수 있다.

9장

수컷 코끼리는 정말 그렇게나 위험한가?

코끼리를 온순한 거대 동물이라 생각하는 대부분의 사람에게는 잘 알려지지 않은 사실이 있다. 전 세계적으로 매년 수백 명의 사람들이 코끼리에 의해 사망하고 있다는 사실이다. 그리고 이러한 사고의 대부분은 수컷 코끼리에 의해 일어난다. 인간과 직접 접촉할 때 수컷 코끼리는 암컷보다 더 많은 문제를 일으킨다. 이는 인간의 보호를 받는 코끼리뿐만 아니라 야생의 코끼리에도 해당한다.

발리, 전성기 시절을 보내고 있는 수컷 코끼리

2011년 발리를 처음 본 순간을 나는 아직도 생생히 기억한다. 당시 발리는 마흔세 살이었고, 아도에서 가장 큰 우두머리 수컷 코끼리 중 한 마리였다. 발리는 쉽게 식별할 수 있을 정도로 눈에 잘 띄는 귀를 가지고 있지는 않았지만 그것이 상관없을 정도였다. 발리는 매우 아름답고 강력하며 대칭적으로 자란 두 개의 거

아도 국립공원에서 가장 크고 지배적인 수컷 코끼리 중 하나인 발리/alli.

대한 엄니를 가지고 있었는데, 두 개의 엄니 모두 끝이 약간 안쪽을 향해 있었다. 그래서 틀림없이 발리임을 알아볼 수 있었다.

코끼리와 많은 작업을 하다 보면 그들의 개성과 성격을 이루는 다양한 특징들, 이마의 주름, 머리 모양, 눈, 체형 등을 모두 알아볼 수 있다. 내게는 저마다의 코끼리가 외모와 성격 모두 개별적으로 다르게 느껴진다.

몸집이 큰 발리는 모랫길을 꽉 채운 채 나를 향해 다가왔다. 코끼리는 빨리 이동하고 싶을 때 도로를 자주 이용하는데, 아마도 울창한 초목 사이로 걷는 것보다 쉽기 때문일 것이다. 나는 코끼리가 지나갈 수 있도록 브레이크를 밟고 핸들을 최대한 옆으로 꺾었다. 발리를 비교적 늦게 발견했기 때문에 다른 조처를 할 시간이 없었다. 나는 도로에서 수컷 코끼리가 나를 향해 다가오면, 가능한 한 차를 돌려 반대 방향으로 달아나는 것을 선택한다. 하지만 코앞에서 돌진하는 수컷 코끼리를 앞에 두고 전속력으로 후진하는 것은 내가 능숙하게 할 수 있는 일이 절대 아니다. 늦은 밤 빠르게 후진하다가 도랑에 빠진 적도 있었다. 사륜구동이었지만 타이어가 바닥에 닿지 않아 무용지물이었고, 결국 관리인의 도움을 받아야 했다.

발리는 아도에서 태어나지 않았다. 그는 2000년에 크루거 국립공원에서 아도로 옮겨온 네 마리의 수컷 코끼리 중 하나였다. 크루거 국립공원의 수컷 코끼리들은 큰 엄니로 유명해서 아도에서 상아를 가진 새끼들을 낳기를 바랐다. 다행히도 이 계획은 성공했고 오늘날 모든 어린 암컷 새끼들은 실제로 다시 엄니를 갖게 되었다.

수컷 코끼리 발리는 특히 강력하고 대칭적으로 자란 상아로 구별되며, 두 개의 상아 끝이 약간 안쪽으로 향하고 있다.

여하튼 발리는 머리와 코를 좌우로 활기차게 흔들며 내게 다가왔다. 나는 갑자기 흥분과 경외감에 사로잡혀 발리가 다가올수록 맥박이 더 빨라지는 것을 순간순간 느끼고 있었다. 하지만 발리는 침착한 표정으로 내 차를 지나쳤다. 발리는 특히 아름답고 침착해서 평소에는 매우 관대한 코끼리였다. 발리와는 달리 서른여섯 살로, 발리보다 약간 어린 폴 크루거는 이름으로도 알 수 있듯 크루거 국립공원 출신이다. 2011년에는 엄니가 상대적으로 짧았다. 발리보다 더 자주 서열 싸움에 휘말려 엄니가 부러지기도 했기 때문이었다. 위협적으로 행동하기를 좋아하고 실제로 충돌을 원했기 때문에 그를 마주치면 조심해야 했고, 거리를 유지해야 했다. 그는 특히 관광 루트에서 벗어난 차량에 무례하게 행동하는 경우가 많았다.

수컷 코끼리는 서열 싸움에서 지면, 다른 것을 향해 화풀이를 하곤 한다. 나무나 자동차 등, 그때그때마다 눈에 띄는 것이 무엇인가에 따라 화풀이 대상은 달라진다. 폴 크루거는 아마도 코끼리 수컷 서열에서 자신의 위치를 아직 찾지 못했거나, 더 이상 그 위치에 만족하지 못해 서열 다툼을 시도하고 있었던 것 같다. 반면 발리는 마흔세 살의 한창 나이로 건강하고 힘이 넘치며 체력이 좋았다. 그는 자신의 지식에 의존할 수 있었고, 살아오는 동안 많은 사회적 경험을 쌓아 왔기 때문에, 암컷과의 관계나 다른 수컷들과의 관계에서나 모두 성공적이었다. 그의 성공과 개체군 내 위치는 그의 지혜와 삶의 경험에 기반하고 있었다.

수컷 코끼리는 고령까지 성장하지만, 태어난 시기를 모를 경우 대략적인 나이를 판단할 수 있는 방법이 있다. 20세 정도의 아프리카 사바나 코끼리 수컷은 성체 암컷과 비슷한 크기다. 이 시점의 어린 수컷들은 성체 수컷의 절반 정도의 무게밖에 나가지 않는다. 그들은 상대적으로 작은 두개골과 가는 엄니를 가지고 있으며, 눈은 엄니가 드러나 보이는 부분과 수직으로 일직선에 있다. 나이가 들수록 두개골은 점점 커지고, 엄니는 둘레가 두꺼워진다. 40대의 큰 수컷들은 두개골과 엄니가 정말로 거대해지며, 그로 인해 체격이 더욱 넓어지고 근육질로 감싸이게 된다.

작은 괴롭힘을 당하는 어린 수컷 코끼리

수컷 코끼리의 삶은 어렵고도 흥미진진하다. 수컷 코끼리는 자신의 신체와 사회 환경에 영향을 미치는 많은 변화에 대처해야 한다. 수컷은 암컷과 마찬가지로 어미와 함께 무리에서 성장한다. 그들은 무리의 지원과 보호, 무리 속의 친구와 함께 풍족한 사회적 환경 속에서 살아간다. 그럼에도 어릴 때부터 수컷과 암컷의 행동에는 차이가 있다. 나는 새끼 코끼리의 초기 소리 발달에 관해 연구했다. 그 연구에서 특히 젖을 빨 때 새끼 수컷이 암컷보다 훨씬 더 많은 항의 행동을 보인다는 사실을 발견했다. 새끼 코끼리는 젖을 먹고 싶을 때 어미 코끼리의 앞다리를 살짝 건드린다. 그럴 때 어미가 젖을 먹이기 위해 즉시 멈추지 않으면 새끼 암컷보다 수컷이 훨씬 더 자주 항의의 울음을 터뜨린다. 이 울음소리는 매우 시끄럽고 날카롭다. 그럴 때 보통 어미는 즉시 움직임을 멈추고 새끼가 젖을 빨 수 있도록 허용한다. 수컷 새끼 코끼리는 더 많이 싸우고 부딪히며, 새끼 암컷보다 어미로부터 더 일찍 멀어진다. 처음에는 몇 미터에 불과하지만 모험심이 강할수록 문제 상황에 처할 가능성도 점점 높아진다.

어느 날 나는 하푸어 물웅덩이에서 코끼리 무리를 관찰하고 있었는데 갑자기 뒤쪽에서 트럼펫 소리와 포효 소리가 들려왔다. 돌아보니 4~6살 정도 된 새끼 코끼리 다섯 마리가 귀와 꼬리를 세우고 물웅덩이에서 달려 나오며 포효하고 트럼펫 소리를 내고 있었다. 코끼리는 빠르게 달리거나 흥분하면 꼬리를 뒤로 수평으로 또는 위쪽을 향해 수직으로 뻗는 경우가 많다. 악동들은 다른 곳에서 놀고 다투느라 코끼리 무리가 물웅덩이를 떠나는 것을 놓쳤던 것 같다. 흥미롭게도 어미들은 이때까지 수컷 새끼 코끼리들의 부재를 눈치채지 못했던 것 같았고, 그제야 갑자기 돌아서서 환영 의식으로 큰 소리로 웅웅거리며 무리를 맞이했다.

암컷과 달리 사춘기 수컷은 아기 돌보기에 참여하지 않는다. 시간이 허락할 때마다 수컷들은 장난스럽게 힘겨루기를 연습한다. 수컷에게 이러한 놀이 싸움은 생존을 위해 필수적인데, 이런 방식으로 신체와 싸움 기술을 강화하기 때문이다. 성체가 되면 이 싸움은 삶과 죽음을 결정할 수도 있다. 하지만 어린 수컷만 장난으로 힘을 겨루는 것이 아니라 성체 수컷들 사이에서도 이러한 행동은 관찰된다.

수 년 간의 분리 과정

어린 수컷 코끼리는 십 대가 되면 무리와 점점 더 많은 시간을 떨어져 지낸다. 그렇다고 무리를 바로 떠나지는 않는다. 정기적으로 무리에 다시 합류하여 가족과 함께 시간을 보낸다. 이 분리 과정은 몇 년이 걸릴 수도 있다. 젊은 수컷 코끼리는 새로운 사회, 즉 새로운 사회적 네트워크와의 연결 고리를 찾고 그에 따른 변화에 익숙해져야 하기 때문이다. 수컷 코끼리가 어미 무리를 떠나자마자 외톨이로 살아간다는 주장은 여러 연구를 통해 반박되었다. 수컷 또한 사회적 네트워크와 유대 관계를 가지고 있는 것이다.

수컷 코끼리는 어미 무리를 떠나거나 무리에서 쫓겨나면 다양한 나이의 수컷으로 구성되어 있는 무리에 합류한다. 이 무리는 일반적으로 나이가 많고 지배적인 수컷, 즉 멘토가 이끌고, 그를 젊은 수컷 코끼리들이 따른다. 나이가 많고 경험이 풍부한 수컷 멘토는 암컷 무리의 가모장만큼이나 코끼리 개체군의 생존에 중요한 역할을 한다. 수컷 코끼리들에게도 이동 경로와 물이 있는 장소에 대한 지식은 생존에 필수적이다. 젊은 수컷 코끼리들은 멘토가 암컷 무리에 접근하거나 다른 수컷에 맞서 위험한 상황에 직면할 때 그를 유심히 지켜본다. 그들은 그의 경험으로부터 많은 것을 배우게 된다.

나이가 든 수컷은 어린 수컷의 존재를 용인한다. 종종 비슷한 나이의 나이 많은 수컷 코끼리끼리 짝을 이루거나 무리를 이루어 가까이 지내는 경우도 있다. 이 개체들은 어쩌다 우연히 함께 있게 된 것이 아니라, 정기적으로 시간을 함께 보내는 진정한 친구들이다. 나는 발리와 폴 크루거, 시몬Simon, 푼디셀Fundisel, 그리고 당시 서른 살이었던 막내 테리Terry 등 몇몇 수컷 코끼리들이 함께 있는 모습을 자주 관찰할 수 있었다. 그들은 '수컷 지역'이라고 부를 수 있는 국립공원의 남쪽 지역에서 많은 시간을 보냈다. 그러나 그들 중 한 마리가 발정기에 돌입하면 상황은 달라진다.

테스토스테론이 솟구치는 수컷 코끼리

2012년 아도로 돌아왔을 때 암컷 코끼리 무리 한가운데 있는 발리를 발견했다. 발리는 눈에 띄었으며, 여타의 암컷들보다 어깨높이가 1미터 이상 우뚝 솟아 있었고, 발정이 난 상태였다. 측두엽이 부풀었고, 그곳에서 분비물이 흘러나왔으며, 음경이 한껏 부풀어 있었다. 다리 안쪽은 소변이 계속 흘러나와 젖은 채였고, 초록빛으로 변색해 있었다. 소변에서 강한 냄새가 났고, '정상 상태'와 비교하여 화학적 조성이 변화되어 발정기에 돌입해 있음을 명확하게 보여주고 있었다. 발정기에 돌입한 수컷 코끼리는 체내 테스토스테론 호르몬이 엄청나게 증가하여 정상 호르몬 수치의 몇 배까지 상승한다. 테스토스테론 수치가 높아지면 다른 수컷 코끼리에게 공격적인 행동을 보일 뿐만 아니라, 다른 동물이나 사람에게도 공격성을 보일 수 있다. 모든 코끼리 종의 수컷은 발정 상태가 되며, 특히 아시아에서는 사람과 함께 작업하는 코끼리가 많아 문제가 일어날 소지도 그만큼 많아진다. 건강하고 잘 자란 성체 수컷의 경우 이 단계는 몇 달 동안 지속되기도 한다. 아시아에서는 코끼리 조련사를 '마후트Mahut'라고 부르는데, 이들은 보통 발정기 수컷을 통제할 수 없기 때문에 코끼리에게 심각한 부상을 입거나 심지어 죽는 사고가 종종 발생한다. 이 단계를 견디기 위해 일하는 코끼리들은 보통 몇 달 동안 쇠사슬에 묶여 지내며, 이것은 코끼리들의 공격성을 더욱 강화하는 원인이 된다.

2012년 아도에서는 다른 수컷 코끼리들이 특히 발리를 경계해야만 했다. 발정기는 코끼리 수컷의 서열에도 영향을 미친다. 이 시기에는 기존의 서열이 뒤죽박죽이 된다. 더 작고 어리다고 해도 발정기의 수컷은 나이가 훨씬 많고 덩치도 큰, 발정기가 아닌 수컷 코끼리에 맞설 수 있다. 오히려 발정기가 아닌 수컷 코끼리는 절대 발정기 수컷을 응징할 생각을 하지 않으며, 오히려 피한다. 두 마리의 같은 크기의 발정기 수컷이 마주치면 생사를 건 싸움이 벌어지기도 한다. 가끔은 패배한 수컷이 도망칠 수도 있지만, 대부분의 경우 이 싸움에서 약한 쪽은 치명적인 부상을 입는다.

수컷 코끼리는 평균적으로 1년에 한 번, 아주 많으면 두 번 정도 발정기에 들어서는데, 그 시기와 기간은 개체마다 다르고 여러 요인에 따라 달라진다. 이는 많은 발굽 달린 포유류 동물 Huftier의 번식기가 개체군 내에서 동기화되고 계절에 따라 발생하는 것과는 뚜렷한 차이가 있다. 발정기의 수컷 코끼리는 때때로 무아지경에 빠진 것처럼 보이기도 한다. 아마도 이 때문에 발정기를 뜻하는 머스트Musth라는 명칭이 붙었을 것이다. 페르시아어에서 유래된 이 단어는 '약물에 취한' 또는 '취한 상태'를 의미한다. 호르몬의 취기에 사로잡힌 발정기의 수컷 코끼리는 짝짓기를 원하는 암컷을 끊임없이 찾아다닌다. 그들은 매일 수 킬로미터를 걸어 다닌다. 먹이를 먹거나 쉬는 시간이 거의 없기 때문에 에너지 소모가 아주 크다. 발정기가 마침내 끝나면 수컷 코끼리는 우선 휴식을 통해 에너지를 회복해야 하기에 대부분의 시간을 먹는 데에 쓰게 된다.

수컷 코끼리는 사춘기에 발정기의 첫 징후를 경험하며, 이는 20세 무렵까지 지속된다. 이 청소년기의 발정기를 영어로는 '허니 머스트Honey musth'라고도 부르는데, 이는 성숙한 수컷의 발정기와는 다르다. 약간 달콤한 꿀 냄새가 나는 향기를 방출하여 지배적인 수컷 코끼리에게 이것이 무해한 형태의 발정기라는 것을, 즉 진지하게 받아들여야 할 경쟁자가 아니라는 신호를 보낸다. 수컷 코끼리는 25살부터 정기적으로 진짜 발정기에 돌입한다. 처음에는 며칠 동안만 지속되지만 수컷이 나이가 들수록 이 상태는 더 오래 지속된다. 발정기가 성공적인 번식을 위한 전제 조건은 아니며, 그렇지 않은 수컷도 짝짓기를 하고 새끼를 낳을 수 있다. 발리는 아도의 암컷들에게 특히 매력적이었지만 사이먼, 펀디셀, 테리는 회피의 대상이었다. 당시 발리는 아도의 지배적인 수컷으로서 전성기를 누리고 있었다.

그런 지위를 가진 수컷은 코끼리 수컷 사회에서 질서를 유지하는 존재다. 이러한 핵심 수컷이 밀렵꾼이나 사냥꾼에 의해 죽으면 암컷과 마찬가지로 지역 코끼리 개체군에 치명적인 결과를 초래할 수 있다.

수컷 코끼리들에게도 믿을 수 있는 멘토가 필요하다

1980년대 남아프리카 북부의 필라네스버그 국립공원 Pilanesberg-Nationalpark에서 일어난 에피소드는 수컷 코끼리에게 본보기가 얼마나 중요한지를 잘 보여줍니다. 당시 이 국립공원에 평균 10살 미만의 고아 아프리카 수컷 코끼리 20마리 정도가 이주해 왔다. 이들은 당시 크루거 국립공원에서 벌어진 도태 작업에서 살아남은 개체들이었다. 이들을 제외하고 필라네스버그 국립공원에는 암컷 무리가 몇 마리 있었을 뿐 수컷은 없었다. 따라서 이들은 경험이 풍부한 멘토 없이 성장해야 했다. 그렇게 자란 이 젊은 수컷들은 18살에 진정한 발정기에 돌입하여 이미 성공적으로 짝짓기를 경험하였다. 그들은 조숙했으며, 발정기는 최대 5개월까지 지속되었다. 다른 코끼리 개체군에서는 지역에 우두머리 수컷이 있을 경우 이 나이대의 십 대 수컷들은 '머스트'(고도로 발달한 '허니 머스트'를 포함하여)를 발달시키지 않는 것으로 알려져 있다. 젊은 수컷들이 측두선이 부어오르거나 소변을 흘리는 것과 같은 머스트의 징후를 보이더라도 더 지배적인 수컷과 대결한 후 몇 시간 내에 사라지고는 한다. 큰 수컷의 존재는 젊은 수컷의 머스트를 억제시키는 것으로 보인다.

반면 필라네스버그 국립공원의 젊은 수컷들은 고의로 다른 동물들을 공격하는 등 문제가 점점 더 심각해져 갔다. 총 40마리의 흰코뿔소를 죽게 만든 책임 역시 그들에게 있었다. 관광객 차량도 정기적으로 공격당했다. 이 문제에 대한 해결책을 찾아야 했다. 그때 수컷 코끼리에 대한 경험이 많았던 코끼리 연구자인 조이스 풀Joyce Poole이 어린 '문제 수컷'들 무리에 훨씬 나이가 많은 수컷들을 통합, 수용할 것을 권고했다. 그의 조언을 받아들여 국립공원 측은 당시 15살에서 25살 사이의 17마리 수컷과 다수의 암컷 무리로 구성된 개체군에 6마리의 성체 수컷을 추가 수용하였다. 나이가 많은 수컷들이 조숙하고 공격적인 십 대들을 제어할 수 있었을까? 실제로 시간이 지나면서 젊은 수컷들의 발정기는 현저히 짧아졌다. 지배적인 수컷들이 발정을 하면, 젊은 수컷들의 발정은 억제되었다. 아주 어린 수컷들의 경우에도 더 이상 조기 발정의 징후를 보이지 않았다. 그 결과 코끼리들의 코뿔소 살해도 종식되었다.

이 사례는 관리 결정을 내릴 때 코끼리의 행동을 이해하는 것이 얼마나 중요한지를 보여 준다. 이는 동물원뿐만 아니라 아프리카와 아시아의 야생 코끼리나 보호구역에 사는 코끼리의 관리에도 적용된다. 지금은 더 이상 무리 속에서의 유대감이나 기존 모계 혈통에 대한 고려 없이 암컷을 분리하거나 재결합하려는 시도를 하지는 않는다. 반면 수컷 코끼리의 경우 그들의 삶에 대한 사람들의 지식 상태로는 동물원이나 국립공원에서 그들의 요구와 필요를 충족시키는 것은 여전히 커다란 도전적인 과제가 아닐 수 없다. 그동안 그들은 오랫동안 단독 생활을 하며 사회적 유대가 없는 존재로 간주해 왔기 때문이다.

신체적으로 성숙하지만 인지적으로 미숙한

동물원에서 코끼리 새끼가 태어나면 모두 그 새끼가 암컷이기를 바란다. 왜냐하면 그렇게 되면 새끼의 향후 삶의 경로가 상대적으로 명확해지기 때문이다. 새끼는 동물원과 어미 코끼리 무리에 남게 된다. 그러나 수컷 코끼리의 경우, 그 미래는 쉽게 예측할 수 없다. 수컷 코끼리는 6살이 되면 다른 동물원으로 보낼 수 있는데, 이는 수컷이 자연스럽게 무리를 떠나는 나이보다 훨씬 이른 시기다. 동물원에서 자란 6살의 코끼리는 아도나 스리랑카 우다왈라웨 국립공원Udawalawe-Nationalpark의 어린 6살 수컷 코끼리보다 영양과 에너지 섭취, 충분한 의료 서비스 덕분에 육체적으로나 호르몬적으로 훨씬 더 성숙한 것은 사실이다. 하지만 6살짜리 동물원 코끼리의 정신적 성장에 대해 우리는 무엇을 알고 있을까? 어쩌면 6살의 아도 코끼리는 이미 수많은 사회적 경험을 쌓았고,

때때로 무리에 합류하는 커다란 수컷들과의 상호작용도 경험하였을 것이다. 어쩌면 어미나 누나 또는 이모와 짝짓기까지 경험했을지도 모른다. 과학적으로 연구된 것은 아니지만 우리는 동물원의 코끼리들이 신체적으로 더 크고 강건할지라도 인지적으로는 여전히 미숙한 새끼 코끼리라고 가정해야 한다. 내 생각에는 그 새끼가 하루아침에 어미의 무리를 떠나는 것은 너무 이르다.

물론 동물원에서 생물학자들도 이 문제를 점점 더 인식해 가고 있다. 청소년기라는 중요한 발달 단계가 이 사육 형태에서는 결여되어 있으며, 어린 수컷들은 대개 다른 수컷들과 함께 자라지 않았고, 배울 수 있는 멘토도 없이 성장하였음을 알고 있다. 그들은 갑작스럽게 혼자가 되거나 새로운 무리에 섞여 시간을 보낸다. 이는 수컷 코끼리에게는 커다란 도전이 아닐 수 없다. 그나마 긍정적인 발전은 젊은 수컷 무리를 만들기 위한 노력이 증가하고 있다는 점이다. 일부 동물원에서는 수컷으로만 이루어진 무리를 선호하고, 번식할 수 있는 무리를 회피하는 결정을 내리기도 한다. 이는 대중들에게 특히나 매력적으로 여겨지는 미래의 새끼 코끼리를 보여주지 않겠다는 결정이기도 하다.

예를 들어 하이델베르크의 동물원에는 한 무리의 아시아 코끼리들이 있다. 이곳의 젊은 수컷들은 어미 무리를 떠난 후 다양한 연령대의 다른 수컷들과 함께 청소년기를 보낼 기회를 얻게 된다. 그런 다음 그들이 더 나이 들고 성숙해지면 새로운 무리로 이주한다. 나는 이것이 동물원이 선택할 가능성 가운데 수용하기 가장 적합한 타협안이라고 생각한다. 그러나 우리에게는 동물원 방문객들의 흥미를 불러일으키는 이 젊은 무리가 훨씬 더 많이 필요하다. 왜냐하면 이 수컷들은 매우 활동적이며 잘 관찰할 수 있기 때문이다.

수컷들의 도전은 성인이 되어서도 계속된다. 어떤 수컷들은 한 기관에서 매우 잘 번식하여 여러 마리의 새끼들을 낳기도 한다. 몇 년 간 성공적으로 번식을 하였다면 그 수컷은 새로운 기관으로 보내져서 그곳에서도 새끼를 낳는다. 그러나 새로운 장소로 옮길 경우 그 수컷이 그곳의 암컷들에게 전혀 관심을 보이지 않는 경우도 종종 발생한다. 어쩌다 교미가 이루어지기도 하지만, 정자의 질이 좋지 않아 수정에 실패하는 경우도 있다. 어떻게 이런 일이 일어나는 것일까?

수컷 코끼리 사육을 둘러싼 공개 토론

안타깝게도 우리는 수컷 코끼리, 특히 인간의 보호 아래 있는 수컷 코끼리에 대한 사회적 역학 관계에 대해 아직 충분히 알지 못한다. 거대한 동물을 억지로 진정시키고 좁은 운송 차량 안에서 활동을 제약하는 것이 문제일까? 아니면 일부 수컷 코끼리는 무리와 분리되고, 사육사와 헤어지는 등 여러 사회적 환경의 상실로 인해 예상보다 더 큰 고통을 겪고 있는 것은 아닐까? 수컷 코끼리는 암컷과도 강한 사회적 유대를 형성할 수 있다. 새로운 수컷 코끼리에게 적응과 사회화에 필요한, 충분한 시간을 주지 않고 있는 것은 아닐까? 이 과정은 아마도 몇 년이 걸릴지도 모른다! 그들이 성공적으로 번식하지 못할 경우 다시 원래의 곳으로 보내기까지 말이다. 현재로서 우리는 알지 못한다. 물론 과학적으로 더 많은 것을 알아내고자 하는 의지가 부족한 것은 아니지만, 연구 작업은 너무 자주 재정적 한계에 부딪친다. 게다가 모든 관계자가 코끼리들을 위해 최선을 다하고 싶어 한다고 가정할 수 있다. 나도 내 연구를 위해 동물원 관련자들과 많이 협력하고 있다. 그러나 바로 이 이유 때문에 우리는 동물원에서 수컷 코끼리 사육에 대한 공개적인 논의를 해야 한다고 생각한다. 그래야만 기존의 구조를 면밀히 조사하고 개선할 수 있다.

물론 행동과 사육 요건은 수컷 코끼리마다 다르다. 어떤 수컷은 무리와 함께 문제없이 지낼 수 있지만, 어떤 수컷은 그렇지 못하다. 취리히 동물원의 아시아 코끼리 수컷 맥시Maxi가 그 좋은 예다. 그는 1981년에 취리히에 왔고 총 11마리의 새끼를 낳았으며, 2020년 50세의 나이로 죽을 때까지 여러 번 할아버지가 되었다. 그는 취리히 동물원에서 39년이라는 긴 세월을 보냈는데, 이 동물원은 사회적으로나 지역적으로 그 수컷 코끼리의 삶의 질에 확실히 기여했다.

그럼에도 불구하고, 모든 코끼리는 성격, 기질, 욕구가 저마다 다르다. 코끼리들도 저마다 스트레스에 대한 저항력이 다르다. 어떤 코끼리는 더 두려워하고 매우 민감한 반면, 다른 코끼리는 감정적으로 더 강하고 본래 모험적인 성향을 보이고 있다. 아프리카와 아시아, 그리고 동물원에서 수컷 코끼리에 대해 더 성공적으로 관리가 이루어지려면 그들의 사회적 행동을 더 잘 이해해야 한다. 왜냐하면 야생에서도 수컷 코끼리를 한 보호구역에서 다른 보호구역으로 옮기는 것이 문제가 될 수 있기 때문이다. 어떤 코끼리는 잘 적응하지만, 다른 코끼리는 새로운 개체군 내에서 자리 잡고 사회화하는 데 큰 어려움을 겪을 수 있다. 그리고 이는 수컷에게 특히 문제적이고 위험할 수 있다. 그들은 싸움에 더 많이 휘말리게 되고, 이는 힘과 에너지를 소모하며 부상의 위험 또한 높이기 때문이다.

발리와의 마지막 만남

발리, 테리, 그리고 아도의 다른 수컷들에게로 다시 한 번 돌아가 보겠다. 2011년부터 나는 거의 매년 아도에 갔고, 이제는 매우 잘 알고 있는 수컷들로부터 많은 즐거움을 얻었으며, 탐구하며 그들의 삶에 대해 더 많이 배웠다. 2016년 발리를 다시 만났을 때, 나는 조금 충격을 받았다. 그는 나이가 들어 보였고, 더 이상 예전처럼 근육질이거나 힘이 넘쳐 보이지 않았다. 그런데도 그는 몇몇 다른 큰 수컷들과 어울리며 느긋하게 풀을 뜯고 있었다. 2017년 8월의 연구 여행을 갔을 때 본 발리는 더욱 많이 변해 있었다. 아마도 싸움 중에 다친 것인지 그의 엄니 중 하나가 부러져 있었다. 그는 피곤해 보이기는 했지만 여전히 자신만만해 보였다. 나는 그를 관찰하기 위해 오랫동안 그의 곁에 머물렀다. 마이크와 카메라 없이 그와 시간을 보내고 싶었다. 나는 수년 동안 이 수컷을 아주 좋아했다. 그의 곁에 있으면 긴장할 필요가 없었다. 발정기일 때를 제외하고는 말이다. 발정기 때조차도 그는 자동차에 대해 공격적이지 않았다. 그는 조심스럽고 관대했으며, 항상 어린 수컷들을 인내심을 가지고 대했으며, 정말 아름다웠다. 그때가 살아 있을 때 보았던 발리의 마지막 모습이었다. 2017년 12월, 발리는 다른 수컷에게 죽임을 당했다.

현재의 기록에 따르면 아도에는 27살 이상인 수컷 코끼리가 약 85마리 있다. 이 나이가 되면 그들은 진정한 성인 수컷으로 간주된다. 매년 평균적으로 6~7마리의 수컷이 싸움으로 죽는다. 이는 너무 많은 위험을 감수하려고 드는 젊고 경험이 부족한 수컷들이나, 자신의 지배권을 포기해야 하는 늙은 수컷들에게 일어날 수 있다. 현재로서는 테리가 국립공원에서 가장 지배적인 수컷인 것 같다. 그는 이제 42살이며, 2011년의 발리처럼 인생의 정점에 있다. 2022년 1월, 그는 싸우는 과정에서 사이먼Simon을 죽였고, 또 다른 경쟁자는 2022년 가을 그와의 싸움에서 입은 부상으로 죽었다. 그가 발리의 죽음에도 책임이 있는지는 알 수 없다. 그 일을 제외하면 테리는 차분하고 조용한 수컷이라고 나는 파악하고 있다. 그런데도, 수 톤의 몸무게와 엄청난 근육을 가진 거대한 동물이라는 점에서 여전히 존경과 함께 경외심 역시 있다. 그는 언제든지 내 차를 부술 수 있다. 이 사실을 모든 사파리 여행자들이 인식해야 한다. 일반적으로 코끼리는 그렇게 하지 않는다. 그저 우리의 존재를 받아들이고 차를 무시하고 지나간다. 그런데도 가능한 한 코끼리 수컷을 항상 주의 깊게 관찰하고, 거리를 유지하며, 그들을 압박하지 않고, 주의 깊게 주변을 살펴보는 것이 중요하다. 왜냐하면 수컷은 혼자서는 잘 다니지 않기 때문이다.

그러면 우리의 처음 질문으로 돌아가 보겠다. 코끼리 수컷은 위험한가? 그렇다. 하지만 암컷도 마찬가지다. 그들의 크기와 힘 때문이다. 특히 발정기는 일반적으로 예측 가능한 온순한 동물들도 공격적으로 만들 수 있다. 나는 수컷 코끼리에게 죽임을 당해 친구를 잃은 경험이 있다. 그들은 코끼리를 사랑했던 사람들이었고, 코끼리를 위해 자신의 목숨을 걸었던 사람들이었기에 그 손

때때로 수컷 코끼리들 사이의 싸움은 치명적인 심각함이라기보다 오히려 실랑이에 가깝다. 이 두 마리 수컷 코끼리는 서로 실랑이를 벌이고 있으며, 아마도 힘을 겨루거나 서열을 조정하기 위함일 것이다.

실은 비극적이고 끔찍하게 슬픈 일이었다. 그런데도 나는 그들 각자가 자신이 무엇을 하고 있는지 알고 있었고, 문제의 코끼리를 탓하지 않았을 것이라고 믿고 있다. 나를 포함하여 코끼리와 함께 일하는 모든 사람은 동물원에서든 보호구역에서든 자연 서식지에서든 자신이 처한 위험, 처할 수 있는 위험성을 잘 알고 있다.

제10장

동물원에 코끼리가 필요한가?

코끼리는 동물원에서 가장 인기 있는 동물 중 하나다. 특히 새끼 코끼리가 태어날 때면 관람객들이 코끼리 우리로 몰려든다. 대체로 성격이 활발하고 장난기가 많은 새끼 코끼리는 스타 같은 존재가 될 수 있다. 동물원은 이러한 새끼 코끼리들이 우리에게 불러일으키는 감정들을 활용하여 홍보를 하곤 한다. 물론 코끼리가 원래의 서식지에서 직면하는 문제에 대한 인식을 높이기 위해서도 노력한다. '아는 만큼 사랑하고, 사랑하는 만큼 보호한다.'는 원칙에 충실하다. 그렇지만 이 명분만으로 앞으로도 동물원에서 코끼리를 계속 사육하는 것을 지지하기에 충분할까? 바로 이 지점에서 코끼리 사육에 찬성하는 사람들과 절대적으로 반대하는 사람들의 견해차가 크게 양쪽으로 나뉜다.

동물원에서 코끼리를 사육하는 것의 장단점

생각해 보면 이 논쟁에서 나의 입장은 정확히 중간쯤에

놓여 있다. 나는 이렇게 크고 사회적이며 지능적인 동물을 돌보는 데 따르는 문제와 어려움을 잘 알고 있다. 하지만 한편으로는 인간이 돌보고 있는 많은 코끼리를 그저 야생으로 돌려보낼 수 없다는 것도 잘 알고 있다. 다른 한편으로는 수의학이나 생식 생물학 등 코끼리의 서식지 보호와 생존을 위해 사용할 수 있는 다양한 지식이 사육 중인 동물에 대한 연구에서 나온다는 것도 잘 알고 있다. 또한 동물원은 아시아와 아프리카에서 현지 코끼리를 위한 보호 프로젝트를 적극적으로 지원하고 있으며, 그것들은 동물원 방문객의 기부 없이는 불가능한 일이다. 동물 복지와 종의 보존은 본질적으로 다르기 때문에 이는 전형적인 딜레마다. 동물 복지는 각 개체에 초점을 맞추는 반면, 종의 보존은 개별 동물의 이익보다는 개체군과 종을 보존하는 것이다. 어느 진영에 속해 있느냐에 따라 이 주제에 대한 입장이 다를 수 있다. 나는 어느 한쪽이 다른 한쪽을 배제해서는 안 된다고 생각하며, 그럼에도 종의 보존이 최우선 과제가 되어야 한다고 생각한다.

  내가 속한 연구 그룹에서는 현장 연구와 인간의 보호 아래 있는 동물에 대한 연구를 병행하고 있다. 하지만 분명히 말해두고 싶다. 나는 사육 환경이 기준에 미치지 못하는 동물원이나 시설을 단호히 반대한다. 물론 우리는 코끼리를 잘 보살피고, 착취하지 않는 기관과만 협력하며, 코끼리가 코끼리로서의 본성을 펼칠 수 있는 환경이 갖추어진 곳에서만 일한다. 다시 말하면 코끼리가 다른 코끼리들과 사회적 관계 속에서 자연스러운 활동을 할 수 있는 곳(물론 동물원이 이 모든 것을 제공할 수는 없지만)이다. 잘 훈련된 동물과의 작업은 많은 연구 과제에서 큰 도움이 된다. 또 다른 긍정적인 측면은 인간의 보호 아래 있는 동물에게 우리는 더 가까이 다가갈 수 있다는 점이다. 우리는 그들의 개별성을 더 잘 알 수 있고, 각자의 성격, 호르몬의 균형 상태, 먹이 활동 등을 더욱 잘 알 수 있다. 동물의 생리를 지속적으로 관찰할 수 있기 때문이다. 예를 들면 코끼리의 호르몬 상태가 소리 구조와 어떻게 연관되는지와 같은 몇몇 연구 과제는 울타리 안의 코끼리들을 통해 더욱 잘 규명될 수 있다.

예컨대 호르몬 분석의 경우 현장에서는 그에 사용할 수 있는 배설물 샘플을 확보하는 데만 해도 많은 시간이 소요된다. 배설물은 테스토스테론과 코르티솔 같은 호르몬의 수치를 측정하는 데 필요하다. 특히 코르티솔은 많은 대사 과정에 관여하며 스트레스를 받을 때 더 많이 방출되는 호르몬이다. 그러나 호르몬 수치가 배설물에 반영되기까지는 시간이 걸리며 코끼리의 경우 이 대기 시간은 24시간에서 36시간 사이이다. 이는 다음과 같은 절차가 진행된다는 것을 의미한다. 먼저 수컷 코끼리를 관찰하고 그가 내는 소리를 녹음한 다음 발성 당시의 테스토스테론과 코르티솔 수치를 알고 싶다면 녹음 후 24~36시간 후에 다시 코끼리를 찾아 배설물을 채취해야 한다. 첫 번째 과제는 이 시간 내에 동물을 다시 찾는 것이고, 두 번째 과제는 수컷이 배변 샘플을 비교적 안전하게 수집할 수 있도록 눈에 잘 띄는 곳에서 배설해 주기를 바라는 것이다. 마지막으로 세 번째 과제는 샘플을 신속하게 서늘한 곳에 보관하거나 냉동 보관하는 것이다. 이러한 작업의 단계를 우리는 동물원에서는 훨씬 쉽게 수행할 수 있다.

코끼리 친화적인 관광 – 하지만 어떻게?

네팔의 에코 산장에서 아시아 코끼리를 대상으로 연구를 진행한 적이 있었다. 오랫동안 아시아에서 적합한 협력 파트너를 찾다가 치트완 국립공원 근처의 타이거 탑에서 비로소 파트너를 찾았다. 이곳에는 12마리의 암컷 코끼리가 살고 있는데, 이 코끼리는 과거에 일꾼 코끼리였거나 전통적인 관광에 이용되었던 코끼리들이었다. 이 주제는 나중에 다시 다루어 보겠다. 이 기관에 대한 지원과 협력을 결정할 때 우리는 코끼리를 타고 다니는 프로그램이 없고, 안타깝게도 아시아에서 여전히 흔히 볼 수 있기는 하지만 코끼리들을 쇠사슬에 묶어 두지 않는다는 사실을 매우 중요하게 생각했다. 이 에코 산장에서는 암컷 코끼리들이 자유롭게 이동할 수 있는 '우리'라고 불리는 코랄 안에서 두세 마리가 함께 생활한다. 코끼리들을 탈 수 있는 사람은 평생 그들을 돌보는 마후트들뿐이다. 이미 꽤 나이가 든 코끼리들은 마후트의 인솔에 익숙해 있으며, 일부는 다른 방법을 알지 못해 마후트 없이 혼자서 행진하지 못하기도 한다.

마후트는 코끼리의 가이드일 뿐만 아니라 보통 코끼리의 소유주이기도 하다. 아버지가 아들에게 코끼리를 물려주기도 한다. 이들은 코끼리의 목에 올라타서 언어 신호, 발과 다리로 코끼리에 가하는 압력, 코끼리 막대기 등을 이용해 코끼리를 조련한다. 타이거 탑스의 코끼리들은 마후트와 함께 시설을 벗어나 치트완 국립공원으로 하이킹을 가거나 큰 강으로 수영을 하러 가는 것이 허용되며, 코끼리들에게 운동과 다양한 경험을 선사한다. 여행객들은 국립공원을 산책하며 코뿔소, 호랑이 및 기타 여러 동물을 관찰할 기회를 갖게 되며, 코끼리는 전후방에서 여행객들을 보호한다. 숙소는 코랄 근처의 텐트에서 이루어지며, 밤에는 코끼리들이 청각적으로 소통하고 서로를 부르는 소리를 들을 수 있다. 여행객들은 먹이 준비를 돕고, 코끼리 근처에서 시간을 보내며 강에서 목욕하는 코끼리를 관찰하며, 코끼리의 행동을 더 잘 이해할 수 있게 된다. 이 프로그램을 통해 사람들이 코끼리와 함께하는 관광이 가능하다는 것을 확인할 수 있을 것이다. 따라서 아시아를 여행하는 여행자들에게는 이 매혹적인 동물들과 잊지 못할, 그러나 서로 존중하는 만남을 경험하기 위해 이러한 시설을 찾아보기를 권장한다.

그리고 두 번째로 당부하고 싶은 것은 아시아를 여행할 때는 길가에서 코끼리에게 먹이를 주거나 코끼리 쇼를 관람하거나 코끼리와 함께 사진을 찍거나 목욕을 하는 것은 절대 피해야 한다는 것이다. 그리고 관광객이 다리에 앉을 수 있도록 코끼리를 거듭 앉게 만드는 셀프 카메라를 찍지 말아야 한다. 이는 코끼리에게만 해당하는 것이 아니다. 진정제를 먹은 호랑이와 사진을 찍지 말고, 셀프 카메라를 위해 제공되는 오랑우탄이나 여타의 동물과도 사진을 찍지 말아야 한다. 관광객들에게는 그저 짧은 한 순간일 수 있지만, 이 동물들은 매일 관광객들과 사진을 찍어야 한다는 점을 기억해 주기를 바란다. 이들 동물들은 대부분 열악한 사육 환경에 놓여 있으며, 건강 상태도 좋지 않은 경우가 많다.

'코끼리 보호구역' 또는 '코끼리 구조 센터'와 같은 이름에 바로 현혹되지 말고, 이러한 기관이 실제 어떻게 운영되는지 미리 알아보기를 권장한다. 그리고 가장 중요한 것은 절대 코끼리를 타지 말아야 한다는 사실! 사람들이 편안하게 앉을 수 있도록 코끼리가 짊어져야 하는 의자들은 코끼리에게 특히 해롭다. 고통스러운 물집과 기타 피부 손상에서부터 척추 변형에 이르기까지 다양한 부상을 초래할 수 있다. 많은 코끼리가 아주 어린 나이부터 관광객을 태워야 하기 때문에 신체 발달에 심각한 장애를 초래한다.

전통적으로 아시아에서는 코끼리가 거친 지형에서 트랙터보다 기동성이 더 뛰어나기 때문에 산림 작업에 활용되었다. 또한 이 동물들의 사육은 아시아 문화에 깊이 뿌리내리고 있다. 그렇다면 이 많은 코끼리를 어떻게 해야 할까? 물론 내게도 마땅한 해결책은 없지만, 동물들의 생활환경을 점진적으로 개선하고 동물 친화적인 관광을 만들기 위해 노력해야 한다. 그러나 코로나바이러스 팬데믹에서 확인하였듯 여행객들이 하루아침에 사라졌을 때 얼마나 큰 문제가 초래되는지를 우리는 경험하였다. 구호 단체들은 코끼리 주인들이 동물들을 계속 사육할 수 있도록 기부금으로 지원해야만 했다. 그들의 수입원이 사라졌기 때문이다. 그러니 우리는 매우 복잡한 문제에 직면해 있다. 어떤 경우에도 가장 중요한 것은 코끼리 사육자들에게 동물들이 필요로 하는 것이 무엇인지 교육하고, 관광객들이 코끼리를 정중하게 대하는 방법을 알려 동물들이 고통받지 않도록 하는 것이다.

이와 관련하여 코끼리가 길들지 않았다는 점을 이해하는 것이 중요하다. 가축화는 야생 동물 종의 개체가 여러 세대에 걸쳐 야생 형태와 유전적으로 분리되는 종 내의 변화 과정이다. 인간은 표적 사육을 통해 동물의 특정한 특성을 강화하거나 약화시킬 수 있으며, 이를 통해 반려동물이나 가축으로서의 활용도를 높일 수 있다. 그러나 코끼리는 대부분 인간의 보호 아래 사육되지 않았고, 야생에서 생활해 왔기 때문에 이러한 상황에 해당되지 않는다.

이 코끼리들에게 가해지는 고통은 자연 서식지와 무리에서 강제로 떨어져 나온 후 거듭 이어지는 '훈련'으로부터 시작된다. 불행하게도 아시아의 일부 지역에서 여전히 행해지고 있는 코끼리 '훈련' 방식은 유럽, 미국 또는 여러 아프리카 국가에서 사용되는 훈련 방식과는 전혀 다르다. 태국, 미얀마, 인도의 일부 지역에서 행해지는 '파잔Phajaan'(동남아시아에서 이루어지는 코끼리를 길들이고자 하는 의식-옮긴이 주)은 '코끼리의 의지를 꺾는' 매우 잔인한 방법이다. 어린 코끼리들은 포획되어 어미와 분리되고, 묶여서 움직일 수 없게 된 상태에서 지쳐 쓰러져 인간이 주는 먹이를 받아먹을 때까지 구타당하고 상처 입고 굶주림에 시달린다.

한 가지 희망이 있다면 아시아 국가에서도 이러한 상황을 변화시키려는 움직임이 일어나고 있다는 점이다. 많은 활동가, 동물권 운동가, 생물학자, 수의사와 같은 동료들이 코끼리의 복지를 위해 노력하고 있다. 이들은 열악한 환경에 처한 코끼리를 구출하여 제대로 된 보호소로 데려와 의료 서비스와 사랑으로 치유하고자 한다. 반복해서 강조하지만, 아시아에서도 지금은 코끼리와 동물 친화적인 교감을 즐길 수 있는 시설들이 있으며, 이들 시설은 관광객의 재정적 지원에 의존하고 있다. 이는 아프리카에 있는 많은 코끼리 보호소에도 적용된다. 이곳에서는 어린 코끼리들을 '입양'하여, 그들에게 먹이와 의료적 치료를 지원하고 있다.

코끼리 보호소에서의 하루

박사 논문을 준비하는 동안 나는 케냐의 나이로비 국립공원Nairobi National park에 있는 코끼리 보호소에서 몇 주를 보냈다. 나는 새끼 코끼리의 소리 발달에 대해 연구하고 있었고, 보호소에서는 3개월에서 15개월 사이의 새끼 코끼리 9마리와 집중적으로 시간을 보낼 수 있는 특별한 기회를 제공해 주었다. 이 보호소는 고아가 된 코끼리와 코뿔소들을 위해 평생을 헌신한 다프네 셸드릭 박사Dr. Daphne Scheldrick가 운영하는 보호소였다. 어린 코끼리들의 공통점은 모두 밀렵꾼이나 기타 불행한 상황으로 어미를 잃었다는 점이었다.

우리의 일과는 다음과 같았다. 아침 6시에 일어나면 아홉 마리의 코끼리 아기들을 데리고 그들의 사육사와 함께 나이로비 국립공원으로 행진하는 것이었다. 마디바Madiba와 응도모티ndomoti는 겨우 생후 3개월로 가장 어렸다. 순예이Sunyei는 생후 6개월이었지만 활력이 넘쳤고 또래에 비해 자신감도 충만했다. 그리고 11개월에서 15개월 사이의 수컷 새끼 코끼리들이 있었는데, 특히 가장 나이가 많은 나파샤Napasha는 우유를 먹일 때마다 가장 큰 소리로 웅웅거렸다. 그리고 이 어린 무리는 생후 9개월 된 웬디가 우두머리 역할을 맡아 이끌었다. 웬디Wendi는 항상 먼저 앞장서서 가려고 했고 때로는 더 어린 새끼들을 한쪽으로 밀어내며 앞자리를 차지하기도 했다.

그러나 실제로는 사육사들이 우두머리이자 어미의 역할을 대신하고 있었다. 그들은 새끼 코끼리들에게 아프리카의 숲을 보여주고, 무엇을 먹을 수 있는지와 먹지 말아야 하는지를 가르

쳤으며, 무엇보다도 인내심을 갖고 새끼 코끼리들을 사랑으로 보살폈다. 무엇보다 추운 아침에는 코끼리들의 등과 배를 담요로 감싸 주었는데, 코끼리들이 특히나 폐렴에 취약했기 때문이다. 무리의 보호와 체온 유지가 부족했던 것이다. 밤에도 어린 코끼리들을 혼자 두지 않고 사육사들이 함께 자면서, 어쩌다 악몽을 꾸고 깨어나면 진정시키고는 한다고 사육사들은 말했다. 어린 동물들은 종종 트라우마에 시달리고 어미와 무리를 그리워한다. 물론 새끼 코끼리들은 3시간마다 갓 짜낸 우유를 먹어야 하기 때문에 밤에도 젖을 먹여야 한다. 다프네 셸드릭과 그녀의 팀은 새끼 코끼리가 잘 먹고 소화시킬 수 있는 코코넛우유를 기반으로 한 분유를 개발하는 데 성공하기도 했다.

2살이 되면 어린 코끼리들은 케냐에서 가장 큰 국립공원인 차보_Tsavo_의 무리에게로 합류시켜 야생으로 방사할 준비를 한다. 나이로비 국립공원과 달리 차보에는 야생 코끼리도 있다. 현재까지 319마리의 고아 코끼리들이 성공적인 양육의 과정을 거쳤으며, 이들 중 다수는 현재 차보 국립공원에서 자유롭게 살거나 야생 무리에 합류하거나 혹은 스스로 무리를 만들기도 했다. 마디바는 이제 스무 살의 잘생긴 젊은 수컷 코끼리가 되었고, 웬디는 스스로 모계 무리를 만들어 가모장이 되었다. 그런데 처음 그녀의 이야기는 유난히 비극적인 상황으로 시작되었다.

모든 희망을 이룬 웬디의 이야기

메루 방언으로 웬디라는 이름은 '희망'을 의미한다. 2002년 9월 11일 갓난아기로 보호소에 들어왔을 때 이 아기에게는 이 이름이 꼭 필요했다. 웬디는 마치 죽은 것처럼 물웅덩이 근처 바닥에 홀로 누워 있는 채로 발견되었다. 웬디는 이유는 알 수 없지만 출생 직후 버려진 것이 분명했다. 수의사들은 웬디가 어미의 초유조차 먹지 못했다는 사실을 확인했다. 웬디는 허약해 장 출혈과 폐렴에 걸렸고, 초유를 통해 아기가 얻는 중요한 초기 면역 보호가 없었기에 추가 감염의 위험에 처해 있었다. 의료팀은 이전 사례와 마찬가지로 건강한 새끼 코끼리의 혈장을 웬디에게 이식하기로 결정했다.

그리고 실제로 며칠 후 웬디는 상태가 호전되었다. '희망'인 웬디는 살아남았다. 현재 웬디는 차보 국립공원에서 28마리의 다른 고아 코끼리들과 함께 무리를 지어 살고 있다. 웬디는 정기적으로 대규모 무리에서 이탈하는 작은 무리의 가모장이다. 하지만 웬디는 여전히 사육사들과 연락을 유지하며 정기적으로 캠프를 방문한다. 처음으로 어미가 되었을 때는 갓 태어난 새끼 코끼리를 사육사들에게 보여 주기 위해 캠프에 오기도 했다. 웬디와 다른 고아들은 '양부모'와 친밀한 관계를 맺고 있지만, 사람에게 길러진 코끼리가 밀렵꾼의 쉬운 먹잇감이 될 것이라는 우려 역시 있다. 하지만 실제로는 그렇지 않은 것으로 보인다. 코끼리의 경우 사람이라고 해서 모두 같은 사람이라고 생각하지 않으며, 특히 자신의 사육사와 '양부모'들을 잘 알고 있다. 코끼리 보호소는 훌륭하고 중요한 일을 일상적으로 행하며, 사육사들은 최선을 다해 코끼리를 돌보며, 그 결과 코끼리와 사람 사이에는 매우 특별한 관계가 형성된다.

또한 이러한 사회적 관계는 동물원의 소규모 환경에서

도 형성된다. 여기서 주목할 점은 지난 20~30년 동안 유럽, 미국, 호주의 동물원, 즉 서구 동물원에서 코끼리의 사육 방식과 훈련 방식이 크게 변화했다는 것이다. 오늘날 동물원에서는 아프리카 사바나 코끼리와 아시아 코끼리만 사육되고 있다. 20세기에 인간의 보호를 받았던 아프리카 숲 코끼리는 현재 단 한 마리도 동물원에서는 살고 있지 않다. 필자가 연구를 시작할 당시만 해도 사육사가 암컷 코끼리와 함께 우리 안에서 '직접 접촉'하며 코끼리를 훈련시키는 것이 일반적이었다. 사육사는 가모장 암컷의 역할을 맡았지만 항상 위험이 도사리고 있는 것도 사실이었다. 수컷 코끼리는 늦어도 6살이 되면 '보호 접촉'으로 전환되어 접촉을 위해 더 큰 안전장치를 마련해야 했다. 오늘날은 암컷 코끼리도 대부분 '보호 접촉' 방식으로만 관리되고 있으며, 2030년까지 유럽 동물원 협회EAZA(European Assoziation of Zoos and Aquaria)의 회원사인 모든 동물원은 이러한 사육 방식으로 전환해야만 한다. 미국동물원협회AZA(Amerikanischen Zooorganisation)에서는 이미 2014년부터 의무화되었다.

동물들의 의사를 존중하기 - 동물원에서도

보호 접촉 시 사육사와 동물은 항상 가림막으로 분리되어 있다. 코끼리와 사육사의 협력과 훈련은 자발적으로 이루어진다. 코끼리는 긍정적 강화와 '목표 훈련'을 통해 가림막에 가까이 오도록 훈련받는다. 예를 들어 클릭커Klickers('딸깍' 혹은 '찰칵' 소리를 내는 장치 - 옮긴이 주)를 사용하는 조건화 훈련은 코끼리가 보통 머리와 같은 신체 일부로 표적 막대를 터치하도록 유도한다. '보호 접촉'에서는 코끼리가 사육사 혹은 수의사와 상호작용할지 여부를 스스로 결정할 수 있다. 동물이 훈련을 건너뛰기로 결정하더라도 처벌은 없으며, 어떤 일도 일어나지 않는다. 그러나 동물원의 경험에 따르면 이러한 태도는 매우 효과적이며, 불쾌하거나 고통스러운 수의학적 치료조차도 코끼리는 어느 정도 견딜 수 있다.

코끼리는 매우 학습 능력이 뛰어난 동물이다. 일상적인 정규 훈련에서는 언어 신호를 사용하여 평균 16가지의 훈련된 동작을 수행할 수 있다. 어떤 코끼리는 40개 이상의 신호를 숙달하기도 한다. 그렇다면 동물들은 어떻게 신호에 반응하는 법을 배울까? 일반적으로 어린 코끼리는 어미의 훈련에 참여한다. 물론 그들은 아직 실제로 훈련을 받는 것도 아니며, 어미를 관찰하면서 때로는 훈련을 방해하거나 어미의 주의를 분산시킨다. 이 과정에서 어린 코끼리는 어미가 특정 동작을 수행할 때 특별히 좋은 먹이를 얻는다는 사실을 처음으로 경험한다.

물론 이 시간에 어린 코끼리들도 자기만의 훈련을 경험하기도 한다. 사육사들은 주의 깊게 관찰하며, 어린 코끼리가 미래의 훈련에 중요할 수 있는 동작을 할 경우 클릭커와 함께 보상(이미 먹이를 먹는 시기라면)을 제공한다. 조건화가 시작되는 것이다. 이제 어린 코끼리가 잠시 누워 '누워lay down'란 언어 신호에 해당하는 동작을 수행하고 있다고 가정해 보자. 사육사는 먼저 그 동작을 클릭커로 신호를 주고 코끼리에게 보상을 건넨 후, 뒤이어 언어 신호를 보낸다. 어린 코끼리는 '누워lay down'란 말과 그 동작의 연관성을 이해하는 데에 그리 오래 걸리지 않으며, 때로는 단 몇 번의 훈련만으로 온전히 학습하기도 한다.

사회적 관계: 인간과 동물에게 서로 바람직한 관계

훈련은 길들이기와 사육사와 동물 사이의 사회적 유대감을 위해 중요하다. 여러 연구에 따르면 농장 동물이든 실험실 동물이든 사육사와 동물 간의 유대감이 동물 복지에 긍정적인 영향을 미치는 것으로 나타났다. 특히 코끼리를 포함한 동물원 동물에 대해서도 비슷한 결과가 보고되었다. 한 연구에서는 미국 60개 동물원에 있는 아프리카 코끼리 117마리와 아시아 코끼리 96마리의 혈액 표본을 1년간 일주일에 두 번씩 채취하여, 그들의 스트레스 호르몬을 조사했다. 또한 총 427명의 사육사를 대상으로 그들이 돌보는 코끼리 사이의 관계를 설문지와 관찰을 통해 기록했다. 더불어 동물들 사이의 일반적인 사회적 행동, 동물원 관람객에 대한 행동, 훈련 중 협력 등도 기록했다. 연구 결과는 명확했다. 코끼리와 코끼리를 돌보는 사육사 사이의 유대감이 친밀하고 강할수록 코끼리는 스트레스를 덜 받고 더 안정적인 상태를 유지했다. 코끼리의 복지뿐만 아니라 사육사의 복지도 서로의 관계에 따라 증대된다. 강한 정서적 유대감을 느끼는 사육사들은 일반적으로 코끼리와 함께 일하기를 더 선호하고 더 안정적이다. 따라서 좋은 사회적 유대는 사람과 동물 모두에게 긍정적인 영향을 미친다.

그러나 사육사들은 모든 코끼리가 똑같이 잘 훈련할 수는 없다고 말한다. 필자가 알기로는 그 원인에 대한 과학적 연구는 아직껏 수행되지 않았다. 하지만 사람들도 저마다 사회적 선호가 존재하듯이 어떤 코끼리는 다른 코끼리보다 더 잘 어울려 지내는 경우가 있다. 그 이유는 아마 매우 다양할 것이다. 사람과 코끼리

간의 관계도 마찬가지다. 어떤 코끼리는 다른 코끼리보다 단순히 더 호감이 가는 경우가 있다. 새로운 사람이 팀에 합류하면 흥미진진한 일이 벌어진다. 얼마 전 비엔나의 쉰브룬 동물원의 훈련 센터를 방문했을 때, 코끼리들이 새로운 사육사와 함께 훈련을 받고 있었다. 몽구는 매우 회의적이었고, 훈련에 잘 참여하려 들지 않았다. 왜냐하면 새로운 사람이 어떤 사람인지 알 수 없었기 때문이다. 그런데 새로 온 사육사가 당근을 손에 들고 있었는데, 몽구는 코만 쭉 뻗어 당근을 낚아채려 했다. 몽구의 몸통은 그대로 멀찍이 떨어진 그대로였다. 그래도 오랫동안 함께 지내던 사육사가 말을 건네고 나서야 몽구는 새로운 동료에게 기회를 주기는 했다. 그럼에도 새로운 동료가 코끼리와 독립적으로 일할 수 있기까지는 오랜 시간이 걸린다. 이러한 상황에서는 코끼리들의 다양한 성격이 전면에 드러난다. 어떤 코끼리는 다른 코끼리보다 새로운 사육사에게 더 빨리 적응하거나 적응하고 싶어 한다.

훈련은 사육사와 동물 간의 상호 작용 외에도 동물의 건강 상태를 관찰하고 살피는 역할도 한다. 정기적으로 혈액 표본을 채취하고 부상이나 질병을 치료한다. 또한 훈련은 동물원 코끼리의 일상생활에 다양성을 더하기 위한 동물 강화 프로그램의 일부이기도 하다. 물론 인도 열대우림이나 세렝게티보다 동물원의 프로그램이 더 흥미진진하지는 않을 것이다. 또한 동물들이 훈련 중에 지루해하지 않도록 정기적으로 새로운 행동을 도입해야 한다. 자유형 훈련은 특히 효과적이다. 코끼리가 원하는 대로 하도록 하고, 그 동안의 훈련에 포함되지 않은 새로운 행동을 하고자 할 때 코끼리의 확인을 받는 것이다. 코끼리가 스스로 생각해야 하고,

새로운 동작, 동작의 순서 또는 발성을 고안해 내야 하기 때문에 이 훈련은 창의성을 크게 향상시킬 수 있다.

그동안 동물원 코끼리의 사육 환경과 사육 방식에 많은 진전이 있었지만, 코끼리를 사육하는 것은 여전히 어려운 도전적인 과제다. 무엇보다 코끼리의 크기 때문에 그렇기도 하다. 암컷과 수컷의 복잡한 사회 구조와 그들의 지능은 특별한 활동 기회를 요구한다. 우리 또한 탈출 방지 기능이 있어야 하지만 동시에 관람객이 쉽게 볼 수 있어야 한다. 코끼리는 체중을 지탱할 수 있는 바닥(콘크리트 바닥은 안 됨)과 함께 바닥 난방이 필요할 수 있으며, 겨울이 추운 지역에서는 난방이 잘 된 실내 공간이 필요하다. 또한 모래, 진흙 웅덩이, 목욕탕, 몸을 긁을 수 있는 나무, 그리고 넓은 공간이 필요하다. 코끼리 사육은 비용이 많이 들고 직원들은 잘 교육받아야 한다. 이러한 모든 것이 갖추어져 있다 하더라도 코끼리, 특히 수컷의 사회 구조를 모방하기는 여전히 어렵다.

동물원 코끼리의 불확실한 미래?

동물원 코끼리 사육의 중장기적 미래에 대한 근본적인 논의는 이미 오래전에 필요했다. 내 생각은 향후 몇 년 동안 나아갈 방향은 모든 소규모 동물원이 코끼리를 사육해서는 안 되며, 사육할 수 없도록 해야 한다는 것이다. 또한 가능한 한 수컷 코끼리의 사육에 대한 개념의 정립이 시급히 필요하며, 여기에는 훨씬 더 많은 젊은 코끼리 그룹이 포함되어야 한다. 장기적으로 우리는 코끼리를 인간의 보호 아래 어떤 형태로 사육해야 하는지, 그 이유와 목적, 그리고 어디에서(예컨대 추운 지역이 아닌) 사육해야 하는지

고민해야 한다.

하지만 어떤 경우에도 앞으로는 동물을 서식지에서 데려와 동물원에 수용하는 일이 있어서는 안 된다. 오늘날 우리는 코끼리에게 이런 경험이 얼마나 큰 충격을 주는지 너무나 잘 알고 있다. 일부 국립공원의 제한된 공간에 개체 수가 너무 많기 때문에 코끼리를 동물원으로 옮기자는 주장은 설득력이 없다. 예를 들어 크루거 국립공원의 경우 동물 수가 너무 많기 때문에 수십 마리의 코끼리를 동물원으로 이주시키는 것은 현실적인 해결책이 될 수도 없다. 크루거 국립공원에는 수천 마리의 동물이 과잉 상태에 처해 있기 때문이다. 그러나 직접적으로 이런 상황에 처한 코끼리는 종종 엄청난 변화를 경험하는 것이며, 특히 어린 코끼리의 경우 정신적 트라우마가 될 수 있다. 이 특별한 경우, 나로서는 인식하기조차 쉽지 않은 혜택(즉 현지 개체 수의 경감)이 코끼리 개체의 고통을 정당화하지 못한다. 안타깝게도 이런 일은 여전히 일어나고 있다. 최근 2019년에는 짐바브웨의 후완게 국립공원(Hwange National park)에서 35마리의 새끼 코끼리가 무리에서 분리되어, 국가의 부채를 갚기 위해 중국으로 팔려 갔다. 하지만 짐바브웨는 중국뿐만 아니라 중동 지역으로도 코끼리를 점점 더 많이 팔고 있다. 이러한 관행은 이제 끝내야 한다.

한 가지 문제는 아프리카 사바나 코끼리나 아시아 코끼리의 개체 수가 동물원에서 스스로 자급자족하지 못한다는 것이다. 즉, 태어나는 코끼리보다 죽는 코끼리가 더 많다는 뜻이다. 그렇다고 이것이 코끼리를 원래 살던 곳에서 쫓아내는 정당한 근거가 될 수 있을까? 현재 이에 대한 장단점에 대해 많은 논의가 이루어지고 있다. 개인적으로 나는 반대하지만, 동물원이 앞으로 코끼리 보호에 중요한 역할을 할 수 있고 또 해야 한다고 생각하는 사람들도 있다. 이 논쟁이 실제로 어떤 결론에 이를지는 아직 정해지지 않은 것 같다. 한 가지 주장이 있다. 동물원 코끼리 개체 수가 자생력이 없고 앞으로도 그렇게 되지 않을 것이라면 동물원 코끼리 사육은 단계적으로 폐지해야 한다는 주장이다. 영국은 이러한 견해를 가지고 있으며, 실제로 코끼리 사육을 단계적으로 폐지할 계획을 세우고 있다. 코끼리의 보호와 복지를 위한 새로운 개념은 코끼리의 태생지에 초점을 맞춰야 한다. 내 생각에는 이러한 접근 방식이 처음에는 급진적으로 보일 수 있지만 논의할 가치가 있는 접근 방식이라고 생각한다.

다행히도 많은 국가에서 야생 동물과 코끼리를, 서커스를 목적으로 사육하는 행위는 적어도 지금 종식되었다. 종종 훈련을 통해 많은 활동이 이루어지고 있다고 주장하고 있기는 하지만, 서커스에서의 훈련은 오늘날 잘 운영되고 있는 동물원에서의 훈련과는 질적으로 다르며, 프로그램을 준비하는 데 시간 압박이 있다는 사실을 간과한 것이기도 하다. 또한 많은 동작이 부자연스러운 나머지 코끼리들의 무거운 몸에 무리를 주고 있었다. 하지만 가장 심각하게 비판해야 할 점은 서커스에서 코끼리를 기르고 수용하는 방식이었다. 공간이 협소하고 자주 긴 여행을 해야 하며 동물들이 쇠사슬에 묶여 많은 시간을 보내는 것은 말할 것도 없었다. 서커스가 순회공연을 하는 동안 코끼리들의 사회적 욕구를 전혀 충족시키지 못한다는 사실도 문제였다. 나는 서커스에 동물이 필요하지 않다고 생각한다. 오늘날 가장 성공적인 서커스는 동물 출연자 없이도 완벽하게 운영되기 때문이다.

　　　　인간의 보호 아래 코끼리를 사육하는 것은 여전히 어려운 도전적인 과제다. 종종 나는 왜 이러한 동물들을 대상으로 연구하느냐는 질문을 자주 받는다. 현장에서 활동하는 동료 중에는 동물원 코끼리나 일반적으로 인간의 보살핌을 받는 코끼리를 대상으로 하는 모든 관계를 거부하는 경우도 있다. 그러나 나는 이 코끼리들 역시 연구의 대상으로 포함되어야 한다고 생각한다. 왜냐하면 전 세계 코끼리 개체 수의 3분의 1에 해당하는 약 16,000마리의 아시아 코끼리가 인간의 보살핌을 받고 있기 때문이다. 이 수치만으로도 우리는 이 코끼리들을 무시해서는 안 되며, 야생 코끼리와 마찬가지로 이들의 필요를 연구하고 이해해야 한다. 특히 아프리카와 아시아에서 코끼리의 서식지 상실과 그로 인한 인간과 코끼리의 갈등, 상아나 가죽을 얻기 위한 불법 사냥으로 인해 오늘날 코끼리의 장기적인 생존이 안타깝게도 보장되지 않고 있다는 점에서 더욱 그렇다.

　　　　이러한 이유로 우리는 모두가 함께 노력해야 한다. 지금 여기에서 우리 연구자들은 다음을 수행해야 한다. 코끼리의 소유자, 마후트, 사육사, 조련사, 큐레이터들이 서로 대화를 나누어 지식을 교환하고, 서로 배우며 이해할 수 있도록 해야 한다. 우리 모두는 다양한 경험, 서로 다른 교육과 관점, 그리고 무엇보다 함께 희망하는 공동의 목표를 가지고 있다. 코끼리의 멸종을 막아내기 위해서는 필요한 모든 다양한 접근 방식을 원탁에 올려 논의할 수 있어야 한다.

11장

함께 살아가는 이웃으로서의 코끼리

2021년 11월, 우리 팀은 코끼리의 제스처와 소리의 조합에 대한 데이터를 수집하기 위하여 짐바브웨의 빅토리아 폭포로 연구 여행을 떠났다. 짐바브웨는 아직은 매우 청정한 나라로, 남쪽으로 인접한 국가인 남아프리카공화국의 대부분 지역처럼 야생 지역들이 '울타리'로 둘러싸여 있지 않다. 남아프리카에서는 국립공원과 보호구역을 설정해 동물들을 보호하려고 노력하고 있으며, 이는 다른 한편으로 코끼리, 사자 등이 문명으로 침입하는 것을 방지하기 위한 것이기도 하다. 남아프리카공화국에는 공간적으로 제한된 비교적 작은 보호구역이 많으며, 그곳의 코끼리 개체 수는 가용 서식지에 비해 점점 더 빠르게 증가하고 있다. 먹이에 대한 코끼리들의 엄청난 요구로 인해 식생이 악화되고, 생물 다양성이 위협받고 있기도 하다. 상대적으로 더 넓은 지역에서는 코끼리들이 다른 곳으로 이동하기만 해도 식물군이 회복될 수 있다. 그러나 이곳에서는 야생동물의 이동 통로가 부족하여 다른 보호구역으로의 자연스러운 이동이 불가능하므로, '탈출하는' 코끼리들이 인근 마을로 침범하여 공포와 혼란을 초래하는 경우가 자주 발생한다.

빅토리아 폭포는 약 33,000명의 주민이 사는 작은 도시로, 짐바브웨와 잠비아 사이를 흐르는 잠베지강의 폭포 이름에서 도시 이름을 따왔다. 이 도시는 빅토리아 폭포 국립공원Victoria-Falls-Nationalparks의 야생으로 둘러싸여 있다. 짐바브웨에는 약 100,000마리의 아프리카 사바나 코끼리가 서식하고 있으며, 이는 보츠와나에 이어 두 번째로 큰 개체 수다. 현재 짐바브웨에서는 밀렵을 비교적 잘 통제하고 있으며, 코끼리 개체 수는 연평균 5%씩 증가하고 있다.

이러한 좋은 소식의 이면에는 씁쓸한 뒷맛이 남아 있다. 코끼리 개체 수가 증가함에 따라 주민들과의 갈등도 점차 커지고 있다는 점이다. 2021년에는 짐바브웨에서 코끼리에 의해 72명의 사람이 사망했다. 2022년에는 5월까지만 해도 이미 60명 남짓 되는 사람들이 사망했다. 저녁에 빅토리아 폭포의 바에 가서 주민들과 대화를 나누어 보면, 귀가할 때 유유히 돌아다니는 하마, 코뿔소, 하이에나, 사자, 코끼리 등을 조심하라는 조언을 곧잘 듣게 된다. 우리가 현지에 있을 때도 불행히 한 남성이 늦은 저녁 집으로 가는 길에 수컷 코끼리에 의해 사망하는 사고가 발생했다. '코끼리의 친구들Elephant Crew'이라는 단체에서 일하는 나의 동료들은 국립공원 현장에서 활동하고 있으며, 이들은 소위 '문제 코끼리'(개인적으로 이 용어는 별로 좋아하지 않는데, 문제는 코끼리 자체가 아니라 인간이 자원과 서식지를 두고 코끼리와 경쟁해야 하는 생활환경 때문이다.)와 관련된 갈등에 대해 지속적으로 조언을 건네며 문제를 해결하려고 노력하고 있다. 최근에는 한 수컷 코끼리가 여러 차례 도시의 학교 공간까지 '방문'하여 먹이를 찾았고, 최근에는 아이들이 있는 낮 시간에도 나타나기 시작했다. 이는 물론 매우 위험한 일이다.

갈등 속에서 공존하기

인간과 동물의 서식지가 겹치면 불가피하게 긴장과 갈등이 발생하게 되며, 이는 코끼리에게도 마찬가지다. 우리 유럽인들은 코끼리가 이웃에 사는 것이 어떤 의미인지 상상하기 어렵다. 코끼리가 도시, 마을, 밭, 집에 자주 방문하는 것은 처음에는 우스꽝스럽게 들릴 수 있지만 동물과 함께 사는 사람들에게는 심각한 문제다. 코끼리는 밭에서 경작물을 '훔치'거나 주방까지 들어와 직접 음식을 훔쳐 가기도 한다. 그들의 크기와 힘 때문에 초래되는 파괴는 물론이거니와 주민들에게 엄청난 위험을 초래한다. 불행히도 사람들이 보호구역의 경계나 야생 지역에 점차 가까이 거주하게 됨으로써 코끼리의 방해 받지 않는 서식지는 점점 줄어들고 있다. 세대를 이어 코끼리들이 사용해 오던 이동 경로는 갑자기 더 이상 쉽게 통과할 수 없게 되었다. 도로, 철도, 마을이 건설되어 코끼리들의 이동 경로가 차단되고는 한다. 그러나 코끼리나 인간 모두 쉽게 물러서지 않는 성격을 가지고 있다. 그러니 '인간과 코끼리의 갈등'은 이미 예고된 것이기도 하다. 밀렵 - 이 갈등의 결과로 자주 발생하는 문제다 - 외에도 인간과 코끼리의 갈등은 아시아와 아프리카의 코끼리 개체 수에 대한 가장 큰 위협이며, 이는 다면적이고 복잡한 연결 고리로 가득 차 있다.

먼저 빅토리아 폭포의 구체적인 사례를 살펴보자. 코끼

리가 인간의 영역에 침입할 경우(사실 코끼리를 인간의 서식지에 침입하는 '침입자'로 간주하는 것 자체에 대한 의문도 제기될 수 있다.), 일반적으로 처음에는 다시 숲 지역으로 쫓겨난다. 다음 단계는 개별적으로 코끼리를 식별하여 '상습범'인지 여부를 확인한다. 실제로 일부 개체는 인간의 영역으로 침입하는 데 전문적인 것처럼 보이기도 한다.

재정적 자원이 있다면 다른 '방어 조치'가 취해지기도 한다. 동물의 움직임이나 이동을 더 잘 추적할 수 있도록 GPS 송신기를 부착하는 것이다. 송신기가 부착된 목걸이를 착용시키기 위해서는 코끼리를 마취해야 하는 어려움도 있지만 그런 다음에는 더 쉽게 제어할 수는 있다. 그런데도 이를 '살아 있는 추적 장치'라 생각하기는 어렵다. 일반적으로 송신기는 하루에 두 번 또는 몇 시간마다 신호를 보낸다. 주파수를 높이는 경우 동료들은 15분마다 위치 정보를 받을 수도 있다. 그런데 없는 것보다는 나을 수 있겠지만 15분 동안 코끼리는 상당히 멀리 이동할 수 있으며, 인간의 관점에서 볼 때 온갖 '말도 안 되는' 일을 벌일 수도 있다.

코끼리가 인간과의 갈등을 불러일으키고 싶어 그러는 것이 아니라, 오히려 인간 근처에서 찾을 수 있는 질 좋은 먹이, 즉 신선한 과일을 찾고 있다는 점을 강조하고 싶다. 또한 인간이 거주하는 지역으로 이동하려는 의지는 많은 다른 요인에 따라 달라지기도 한다. 예를 들어 서식지에서의 먹이 공급과 접근성, 그리고 호기심과 위험을 감수하려는 의지 등 개별적으로 차이가 나는 코끼리의 개체 특성에 따라 달라지기도 한다.

GPS 데이터에 따르면, 주로 수컷 코끼리들이 저녁이면 빅토리아 폭포의 도시 경계에서 기다리고 있다가 어두워지면 도시

2018년 아도 코끼리 국립공원에서의 코끼리 가족.

안쪽으로 먹이를 찾으러 온다는 것을 알 수 있다. 코끼리가 발견되거나 도시에서 감지되면 경찰과 보안관이 출동하여 가능한 한 동물을 도시에서 쫓아내려고 한다. 빅토리아 폭포 외곽의 작은 마을에서는 상황이 더 혹독하며, 농부들은 보통 혼자서 대처해야 한다. 과일이 자라는 동안 그들은 자신의 밭을 지키려고 한다. 왜냐하면 코끼리가 다가오면 대개 전체 수확물이 파괴되고 농부들의 생계가 완전히 사라지기 때문이다. 이러한 상황은 위험할 수 있다. 농부들은 당연히 자신의 수확물을 지키려고 한다. 반면 코끼리는 이러한 방어 시도에 공격적으로 반응하고 심지어 사람을 공격하기도 한다.

'코끼리의 친구들'에 소속된 동료들은 공항 부지, 특히 활주로로 자주 이동하는 수컷에 관해 이야기하곤 했다. 사실 코끼리의 안전을 위한 울타리가 설치되어 있음에도 불구하고 그런 일은 빈번히 일어났다. 어쩔 수 없이 코끼리를 쫓아내기 위해 다양한 방법이 시도되었다. 예컨대 모든 종류의 소음, 폭죽, 경고 사격, 큰 소리로 외치기, 자동차 등이 사용되었다. 결국 코끼리를 가장 효과적으로 쫓아낼 수 있었던 방법은 이미 언급한 고추의 매운맛을 이용한 방법이었다.

코끼리의 후각에 너무 매운, 방어를 위한 칠리 폭탄

많은 아프리카와 아시아 국가에서 매운 폭탄은 비침습적인 방어 수단으로 사용된다. 여기에서 비침습적이라는 것은 동물을 다치게 하지 않고 코끼리를 쫓아내거나 최선의 경우 아예 멀리 쫓아내는 수단이라는 뜻이다. 내가 케냐의 코끼리 보호소에 있었을 때 코끼리 사육사들이 이 방법을 보여주었다. 사육사들은 이 폭탄을 만들기 위해 먼저 코끼리의 배설물들을 구해, 같은 비율의 물과 고추로 잘 섞는다. 그런 다음 한 덩어리씩 햇볕에 말리는데, 표면에는 작은 홈을 남겨 둔다. 그리고 마지막으로 뜨거운 숯 조각을 이 홈에 꽂아 두면 덩이가 타면서 정말 매운 냄새가 나게 된다. 이렇게 만들어진 칠리 증기는 코끼리의 매우 민감한 코와 점막을 자극한다. 대부분의 경우 코끼리는 이 냄새를 피한다. 다른 곳에서는 압축 공기총에 칠리로 채워진 탁구공을 사용해 코끼리의 다리를 쏘아 쫓아내기도 한다.

동아프리카 국가에서는 벌을 코끼리에게 익숙하면서도 효과적인 방어 수단으로 사용하기도 한다. 코끼리는 피부가 매우 민감하여 벌에 쏘이는 것을 직접 느끼기 때문에 벌을 무서워한다. 벌들에게 특히 코나 귀와 같은 민감한 부위를 쏘이게 되면 더욱 큰 고통을 느낀다. '벌집 프로젝트'는 케냐의 농부들이 코끼리로부터 자신의 밭을 보호하기 위해 보호 울타리 주변에 벌통을 설치할 수 있도록 지원하는 사업이다. 왜냐하면 대규모 전기 울타리를 설치하는 것은 대부분의 농부에게는 감당할 수 없는 비용이 들기 때문이다. '벌집 프로젝트'는 벌통을 밭 주위에 특별한 배열로 약 10미터 간격으로 걸고 줄로 연결시킨다. 코끼리가 줄을 건드리면 모든 벌통이 흔들리며 벌들을 자극하게 된다. 벌들은 자신의 집을 방어하기 위해 떼를 지어 나와 코끼리를 쫓아낸다. 이 프로젝트는 많은 농부에게 적은 노력과 비용으로 실질적인 도움을 줄 수 있었다. 더욱이 농부들이 꿀과 벌꿀 제품을 사용하거나 판매할 수도 있으며, 벌들은 주변 지역 다양한 식물의 수분 매개를 돕는다는 또 다른 장점들도 있다. 이 '벌집 프로젝트'의 성공은 이미 널리 알려졌으며, 벌집 울타리는 아프리카의 많은 지역에서 작은 밭을 보호하는 데 사용되고 있다.

스리랑카에서도 벌들을 이용한 이 방법이 코끼리에게 억제 효과가 있는지에 대한 첫 번째 실험이 진행되고 있다. 이는 그곳의 인간-코끼리 사이의 갈등을 완화하는 데 절실히 필요하다. 왜냐하면 세계자연보전연맹IUCN에 따르면 스리랑카 코끼리는 심각한 멸종 위기에 처한 종이기 때문이다. 이 지역에는 사람들의 새로운 정착지가 생기고 농업용지의 사용이 확대되고 있다. 코끼리들은 먹이를 찾다가 공원 주변의 쌀 저장소와 소농의 밭을 발견하고 이를 침범하게 되며, 이는 농업을 하는 주민들이 절대 용납할 수 없는 일이다. 매년 약 250마리의 코끼리와 80명의 사람이 이 갈등의 희생자가 된다.

그러나 모든 비침습적인 방법이 실패하고, 코끼리가 계속해서 밭으로 돌아오거나 빅토리아 폭포와 같은 도시에서처럼 빈번하게 혼란을 일으키는 경우도 있다. 아프리카와 아시아의 많은 지역에서는 야생 동물에 대한 주민들의 관용도가 실제로 높은 데도 불구하고—내가 알기로는 오스트리아나 독일에서의 곰이나 늑대에 대한 관용도보다 훨씬 높다—자연 및 종 보호론자들은 상황이 언제든 바뀔 수 있기 때문에 여전히 미세한 경계선 위에서 활동하고 있다. 가끔은 주민들이 코끼리의 사살을 요구하는 경우도 있다. 그리고 때때로 이러한 요청이 수용되기도 하며, 이는 수용과 거부 사이의 어려운 균형을 맞추어야 하기 때문이다.

이러한 결정은 경우에 따라 개별적으로 내려야 하는 어려운 결정이며, 그렇게 되기 전에 가능한 모든 다른 방법과 해결책이 시도되어야 한다. 그럼에도 불구하고 최종적으로 코끼리를 제거하기로 결정할 수도 있다. 이는 개별적인 코끼리에 대한 결정이지만, 때로는 종의 보호와 수용을 위해서도 필요하다. 만약 주민들이 코끼리를 거부하고 더 이상 용납하지 않으며, 그들의 생존을 위협하는 문제인데도 불구하고 당국과 관련자들로부터 소외감을 느낀다면, 사람들은 코끼리를 독극물로 죽이거나 폭발물을 사용하거나 총으로 쏘아 죽이기 시작할 것이다. 전기 울타리의 전기가 너무 강해도 코끼리가 죽게 된다. 사람들이 코끼리를 죽이려는 의지가 높아질수록 조직적인 밀렵도 다시 증가하게 됨은 명확하다.

교통의 발달과 플라스틱: 코끼리를 죽음으로 내모는 함정

한편 코끼리의 활동으로 인해 사람들이 고통을 받기도 하지만 그 반대도 마찬가지다. 나는 이미 건설 활동과 문명의 발달로 인해 코끼리의 이동이 크게 영향을 받는다고 언급하였다. 예를 들어 기차는 아주 큰 위험 요소다. 철도의 노선은 종종 숲과 야생 지역을 통과하지만, 코끼리는 다가오는 위협을 제대로 판단하지 못한다. 몇 년 전 인도에서는 서벵골주의 차프라마리 자연보호구역Schutzgebiet Chapramari에서 비극적으로 코끼리 무리 전체가 화물열차에 치여 최소 5마리가 치명적인 상처를 입는 사건이 벌어졌다. 1990년대 이후 인도에서는 수백 마리의 코끼리가 기차에 치여 죽는다.

고속도로와 간선도로도 위험하기는 마찬가지다. 특히 야생 지역을 통과할 때 더욱 그렇다. 숲이 파괴되면서 동물들이 문명에 점점 더 가까워지고, 그로 인해 고속도로에도 가까워진다. 동물들은 도로 근처와 도로를 따라 풀, 야자수, 대나무를 찾아 먹는다. 코끼리들은 도로를 건너려다 자동차나 트럭에 치여 상처를 입거나 죽는 경우가 많아 환경 보호론자들은 엄격한 속도 제한을 요구하고 있다. 말레이시아의 한 고속도로에서 죽은, 새끼 코끼리 사건은 소셜 미디어에서 많은 반향을 불러일으켰다. 이 새끼 코끼리는 치이고 나서 신고되지 않은 채 죽어갔다. 이 새끼 코끼리의 죽음과 그로 인해 촉발된 사회적 여론이 지속적인 인식의 제고로 이어지기를 바란다.

이러한 사고의 많은 경우는 숲 지역에서 속도를 줄임으로써 간단히 피할 수 있다. 그러나 종종 코끼리들이 도로에서 자동차를 공격하기도 한다. 하지만 이러한 사고는 대부분 운전자의 행동에 의해 유발된다. 그들은 경적을 울려 동물들을 도로에서 쫓아내려 하거나, 너무 가까이 다가가거나, 동물들의 길을 가로막기 때문이다. 특히 무리가 도로에서 교통으로 인해 분리되는 상황은 매우 위험하다. 어미 코끼리들은 본능적으로 자신과 새끼들 사이의 장애물을 치우려고 한다.

또한 우리는 다른 방식으로도 코끼리들에게 고통을 주고 있다. 나는 짐바브웨의 빅토리아 폭포 국립공원을 지나갈 때 주변에 있는 코끼리 배설물에서 많은 플라스틱이 보이는 것을 발견했다. 사람들은 코끼리들이 쓰레기 매립지에서 먹이 활동을 하는 것을 막는 것이 거의 불가능하다고 설명하고 있다. 울타리가 세워

지면 코끼리들이 다시 그것을 부수기 때문이다. 망고, 바나나, 파인애플 껍질과 같은 쓰레기는 코끼리들에게는 너무 큰 유혹이다. 코끼리들은 음식 찌꺼기와 함께 쓰레기봉투, 다른 포장재 및 버려진 것들을 같이 먹는다. 바다의 고래와 마찬가지로 플라스틱과 쓰레기는 당연히 초식동물의 소화관에 큰 건강상의 문제를 일으킨다. 종종 코끼리들은 이에 따라 죽거나 이물질을 삼킨 직접적인 결과로 죽는다. 빅토리아 폭포에서는 한 코끼리 수컷이 쓰레기 매립지 근처에서 밤에 사망했다는 소식이 전해지기도 했다. 그 수컷 코끼리는 비닐이 목에 감겨 질식사했다.

아시아에서도 이러한 문제는 빈번하게 보고되고 있다. 스리랑카 동부의 한 쓰레기 매립지에서는 지난 몇 년 동안 20마리 이상의 코끼리가 죽었다. 부검 결과 코끼리의 장에서 검출된 플라스틱이 사망 원인으로 빈번하게 확인되었다. 스리랑카에는 50개 이상의 알려진 쓰레기 매립지가 있으며, 이곳에서 코끼리와 다른 야생 동물들이 정기적으로 먹이를 찾는다. 정부는 이제 매립지 주변에 도랑을 파고 울타리를 세워 이 문제를 해결하려고 한다. 그러나 깊은 도랑은 작은 동물들이 빠져 죽을 위험이 있으며, 코끼리들도 다칠 수 있다. 장벽은 잘 고려되어 신중하게 설치되어야 한다. 나는 동물들이 매립지에서 멀리 떨어지도록 하는 데 성공하기를 간절히 바란다. 왜냐하면 그곳에서 죽는 코끼리들이 너무나 많기 때문이다. 그럼에도 불구하고 스리랑카에서는 폭발물, 전기 울타리의 전기 충격, 자신들의 밭이나 집이 파괴된 후 농부들이 코끼리들을 사살하는 등의 이유로 훨씬 더 많은 코끼리가 죽어가고 있다.

남아프리카 공화국: 보호구역의 연결을 통한 더 많은 자유

남아프리카 공화국은 이미 야생 동물의 서식지가 매우 세분화되어 있다. 남아프리카 공화국은 아프리카 대륙에서 경제가 가장 발전한 나라다. 아프리카 국가 중 유일하게 G20 경제 강국에 속해 있으며, 브라질, 러시아, 인도, 중국과 함께 신흥 경제국인 브릭스BRICS 국가에 속해 있기도 한다. 또한 남아프리카 공화국은 매우 다양한 종과 생물 다양성 외에도 많은 고유종, 속, 식물과 동물이 살고 있는, 지구의 거대한 종 다양성 국가 중 하나다. 그러나 유럽에서처럼 경제 성장과 자연 보호는 종종 서로 충돌한다. 그래서 남아프리카에서도 야생동물과 '자유로운' 자연을 위한 공간이 점점 줄어들고 있다.

남아프리가 공화국에는 국가에 귀속된 국립공원 19개가 있으며, 그 중 크루거 국립공원이 국제적으로 가장 잘 알려져 있고 가장 큰 공원이다. 이 책에서 여러 번 언급된 아도 국립공원은 세 번째로 큰 국립 보호구역이다. 또한 수많은 사설 보호구역, 즉 '게임 파크Game-Parks'가 있다. 여기에서 '게임'은 놀이라기보다 '야생'을 의미한다. 이들은 동물, 특히 코끼리를 그들의 지역에서 보호하고 있다. 그러나 이들은 울타리로 서로 분리되어 있어 이동이 불가능하다. 1980년대 초반만 해도 남아프리카의 동물 개체 수는 심각하게 감소했지만, 현재는 너무 작은 서식지에 너무 많은 동물이 밀집해 있어 문제가 발생하고 있다. 크루거 국립공원의 경우 현재 코끼리 개체 수가 이른바 '수용 능력'을 초과하고 있다. 수용 능력은 서식지에 지속적인 피해를 주지 않으면서 서식지에 존재이 동영상에서는 짐바브웨, 빅토리아 폭포의 쓰레기장에서 밤에 음식 쓰레기를 뒤지고 있는 코끼리들을 볼 수 있다. 이 사진은 놀랍기만 한 것이 아니라, 명백한 '부작용'도 있다. 많은 양의 플라스틱과 포장 잔여물들이 코끼리의 뱃속으로 들어가기 때문이다.

할 수 있는 한 종의 최대 개체 수를 말한다. 이에 따르면 크루거 국립공원의 코끼리 개체 수는 수천 마리로 너무 많은 것이 분명하다. 그래도 앞서 언급한 '도태', 즉 과잉 동물에 대한 통제된 사살이 아직 시행되지는 않았다. 하지만 이 문제에 대한 동물 친화적인 해결책은 무엇일까?

   과잉 개체 수를 줄이기 위한 한 가지 조치는 여러 보호구역을 연결하여 서식지를 확장하는 것이다. 이른바 야생 동물 회랑이 만들어지거나 경계를 개방하는 것이다. 이렇게 해서 경계를 초월한 공원(일명 '트랜스 프론티어 파크Transfrontier Park')이 생겨 동물들에게 이동할 수 있는 기회를 제공하는 것이다. 남아프리카에서 보츠와나까지 뻗어 있는 '칼라가디 트랜스 프른티어 파크Kgalagadi Transfrontier Park'와 남아프리카의 크루거 공원을 짐바브웨, 모잠비크와 연결하는 '그레이트 림포포 파크Great Limpopo Park'는 그 좋은 예다.

   물론 코끼리를 다른 지역으로 이주시키는 것도 가능하지만, 동물들이 스스로 선택할 수 있다면 더욱 바람직할 것이다. 이주 후에도 무리나 개별 수컷이 즉시 다시 그들의 옛 지역으로 돌아가는 경우가 종종 발생하기 때문이다. 나는 크루거 국립공원 내에서 한 무리의 이주를 문서화하는 연구에 참여했으며, 바로 이러한 행동을 관찰했다. 동물들은 남쪽에 있는 서식지에서 300킬로미터 떨어진 북쪽으로 이주하였다. 그러나 23일 이내에 그들은 원래의 서식지로 돌아왔다. 호르몬 및 행동 데이터는 이주 순간부터 익숙한 지역으로 돌아갈 때까지 동물들이 높은 스트레스 수준을 보였음을 입증했으며, 이는 그들의 대사 산물, 즉 배변 표본을 통해 입증할 수 있었다.

그뿐만 아니라 코끼리 소리의 음향 구조에서도 스트레스를 확인할 수 있었다. 웅웅거리는 소리는 이전에 측정된 정상값에 비해 더 높은 평균 주파수를 나타냈으며, 이는 긴장하고 스트레스를 받는 코끼리에게 나타나는 전형적인 현상이다. 고향에 돌아온 후, 호르몬 수치와 그들 소리의 음향 구조는 정상으로 돌아왔다. 이 연구는 모든 '선의'의 관리 조치와 결정이 코끼리에게 수용될 수 없거나 그들에게 최선이 아닐 수도 있음을 증명한다. 또한 코끼리를 새로운 지역으로 이주시키는 것이 동물에게 큰 스트레스를 유발할 수 있음을 보여 준다. 그리고 이 이주가 국립공원 내에서 이루어지지 않는 경우 코끼리는 선호하는 지역으로 돌아가기 위해 탈출할 수도 있다. 이러한 보호구역과 국립공원 간의 이동 중에 그들은 사람들과 마주치게 되며, 이는 다시 잠재적인 갈등을 일으킬 가능성이 있다.

하지만 더 작은 범위의 해결책도 있다. 나의 오랜 협력자이자 친구인 션 헨스만Sean Hensman이 훌륭한 프로젝트를 시작했다. 남아프리카 공화국 프리토리아 북쪽의 벨라 벨라에 있는 그의 농장에는 일곱 마리의 코끼리 무리가 살고 있다. 인근 농장에는 코끼리가 없지만, 또 다른 25마리의 코끼리 무리가 있는 개인 보호구역이 있다. 흥미롭게도, 대부분의 농장 소유자들은 밤에 일정 시간 동안 동물들이 자신의 지역에 들어오는 것에 대해 문제 삼지 않았다. 그리고 근본적으로 그들은 코끼리의 흥미를 끌 만한 과일을 재배하지도 않았다.

자신의 무리에게 더 많은 서식지를 제공하고 농장의 나무와 관목이 재생될 수 있도록 하기 위해, 션은 몇 년 전부터 코끼리들이 보호구역을 연결하는 문을 사용하는 훈련을 시작했다. 현명한 코끼리 문이다. 이 문은 코끼리를 부르는 소리가 나도록 장치를 마련하였다. 동물들은 이 소리가 들리면 문이 열리고 새로운 지역에 접근할 수 있다는 것을 학습했다. 돌아가는 길도 마찬가지다. 이웃 농장으로의 외출이 끝나면, 다시 한번 신호가 울려 무리에게 자신의 지역으로 돌아가야 할 시간임을 알린다. 신호가 그리 멀리까지 들리지 않기 때문에, 무리의 우두머리는 문과 무선으로 연결된 목걸이 송신기를 착용하고 있으며, 이 송신기는 음향 신호도 전송한다. 지금까지 이 방법은 적어도 션의 코끼리 무리에게는 매우 잘 작동하고 있다. 이는 물론 대규모 개체군에 대한 해결책은 아니지만, 많은 소규모 보호구역이 서로 분리된 지역에서 서식하는 작은 무리에게는 코끼리와 인간 및 그들의 공동 서식지에 대한 기능적인 해결책이 될 수 있다.

대형 야생동물 사냥이 자연 보호에 기여할 수 있을까?

일부 사람들의 의견에 따르면, 보호구역 내 동물들의 개체 수를 줄이는 또 다른 방법은 우두머리 야생동물의 사냥이라고 한다. 이는 자연 보호에 중요한 기여를 할 수 있다고 주장한다. '할 수 있다'는 점이 강조되는데, 일반적으로는 오히려 그 반대의 경우가 더 많다. 트로피 사냥(대형 야생동물을 추적하거나 유인하여 사살한 후 동물의 일부 혹은 전체를 박제하여 전시해 놓는 개인적인 사냥을 뜻한다- 옮긴이 주)의 사냥꾼들은 주로 멸종 위기에 처한 종을 목표로 하며, 특히 코끼리의 경우 가장 강하고 큰 개체를 노린다. 그러나 이들은 이 책에서 이미 자세히 설명된 바와 같이, 무리의 가장 중요한 개체들이다. 암컷의 경우 이들은 무리의 생존에 결정적이며, 수컷의 경우 지배적인 수컷으로서 사회 구조를 유지하고 보장하는 역할을 한다. 이들은 가장 경험이 풍부한 동물들로, 그들의 지혜와 지식은 다음 세대에 전해져야 한다.

내 생각에는, 살아있는 동물을 상대로 최고의 사진을 찍는 '사냥'이 트로피를 얻는 것보다 훨씬 바람직하다. 그러나 특정 조건 하에서는 자연 보호에 기여할 수 있다는 점을 합리적으로 이해할 수도 있다. 이를 위해서는 반드시 인증이 필요하며, 지속 가능한 사냥을 위한 일종의 품질 인증 마크와 기초가 되는 인증 기준에 대한 엄격한 검토가 필요하다. 괴팅겐 대학교의 야생동물 생물학자들은 인증 시스템에 대한 제안을 발표했다. 이 연구에 따르면, 개체 수를 보장하기 위한 쿼터 규정이 필요하며, 지역 주민이 참여하고 이익을 얻어야 하고, 동물들에게 먹이를 주거나 진정시키지 말아야 하며, 어떤 경우에도 생애의 절정기에 있는 지배적인 동물은 사냥하지 말고, 오직 병약한 동물과 나이 많은 동물만 사냥해야 한다고 적시하였다. 그러나 이렇게 통제된 형태의 사냥이 정말 현실적으로 가능할까?

트로피 사냥에 대한 가장 강력한 주장은 여전히 돈이다. 사냥꾼들은 코끼리 한 마리를 사냥하는 데 평균 50,000유로를 지불한다. 이는 자연 보호에 어느 정도 영향을 미칠 수 있는 금액이다. 이를 통해 야생 지역을 보존할 수 있다. 나미비아와 같은 곳에서는 트로피 사냥이 실제로 지역 주민과 야생 동물 개체군에 이익을 주는 사례로 거론되고 있기도 하다. 그러나 안타깝게도 반대 사례가 너무 많다. 이 방식으로 벌어들인 돈은 주로 국제 여행사에 흘러 들어간다. 부패, 과도한 사냥 쿼터, 특히 대형 동물을 사냥하는 등의 문제는 심심치 않게 불거지기도 한다. 사실 현재 이러한 품질 인증 마크와 엄격한 규정은 존재하지 않으며, 트로피 사냥은 확실히 더 많은 피해를 주고 있다.

트로피 사냥 외에도, 아프리카에서는 매년 약 50,000마리의 코끼리가 밀렵당하고 있다. 그 주요 원인은 코끼리의 상아 때문이다. 상아는 코끼리의 엄니로, 매우 높은 가치를 지니고 있으며, 킬로그램당 최대 2,000유로의 가격이 책정된다. 엄니는 최대 70킬로그램에 달할 수 있다. 이것이 밀렵꾼들이 이 멋지고 지능적인 동물들을 무자비하게 사냥하는 이유다. 국제적으로 상아의 상업적 거래는 1989년부터 워싱턴 조약CITES에 의해 통제되고 있다. 유럽연합에서는 2022년에 상아 거래 금지 조치를 확대하여 코끼리 상아가 포함된 골동품 거래도 금지했다. 이는 시급히 필요한 일이었다. 왜냐하면 유럽에서도 상아에 대한 수요가 많기 때문이다. 이는 2016년 비엔나에서 세관 단속에 의해 564킬로그램의 엄니 90개가 압수된 사례로 입증된다. 이를 위해 최소 45마리의 코끼리가 목숨을 잃었다.

아시아에서도 코끼리는 밀렵의 희생자가 되고 있다. 이 동물들은 엄니 때문에 사냥당하기도 하지만, 안타깝게도 가죽 때문에 점점 더 많이 죽임을 당하고 있다. 코끼리 가죽은 처음에 건조된 후 분쇄되어 오일과 결합되어 사람의 습진 및 기타 피부 질환을 치료하는 약재로 사용된다고 한다. 이는 코끼리에게 매우 위험한 새로운 위협이다.

밀렵자를 막는 것은 어렵기도 하고 생명을 위협받는 일이기도 하다. 지역을 감시하기 위해 특별히 훈련된 보안관들과 개들이 투입된다. 하지만 이는 시간과의 싸움이다. 이 책의 일환으로 나는 다루어진 주제들에 대해 희망적인 측면을 찾고 긍정적인 전망을 제시하려고 여러 번 시도했다. 그러나 밀렵이라는 복잡한 문제를 고려할 때, 이는 쉽지 않다.

인간과 코끼리가 공존할 수 있을까?

메시지는 분명하다. 우리가 미래 세대를 위해 코끼리를 보존하고 싶다면, 인간은 그들을 죽이는 행동을 즉각 멈춰야 한다. 우리는 그들과 공동의 서식지를 공유하는 사람들을 지원해야 한다. 왜냐하면 코끼리를 이웃으로 두는 것은 도전이기 때문이다. 유럽에서 이야기하기는 쉽고, 우리는 이렇게나 멋진 동물들을 죽이는 사람들을 쉽게 비난한다. 하지만 우리는 케냐, 짐바브웨, 말레이시아의 농부들이 수확물이나 집이 파괴되었을 때 보상을 받지 못하고, 다음 몇 달 동안 가족을 어떻게 부양할지 모른다는 사실을 잊어서는 안 된다. 그런 사람들에게 코끼리를 밀렵하여 빠른 돈을 벌 수 있다는 제안은 너무 매력적일 수 있다. 현장에서 밀렵자는 큰돈을 만지지 못한다. 이 조직범죄의 배후는 동물의 죽음과 고통으로 막대한 돈을 버는 다른 사람들이다.

　　코끼리의 생존은 현지 사람들이 야생의 이웃을 받아들이고, 장기적인 공존의 길을 찾을 수 있는지에 달려 있다. 우리는 코끼리의 생존을 위해 어떤 기여를 할 수 있을까? 연구자로서 우리는 계속해서 교육을 하고, 코끼리와 인간 사이의 갈등을 완화하기 위한 방법을 개발하기 위해 노력할 것이다. 코끼리가 어떻게 생각하고, 결정을 내리며, 어떻게 소통하는지를 알아내어 그들을 더 잘 이해하기 위해서 노력할 것이다. 하지만 코끼리에 매료되어 이 멋진 동물들을 위해 무언가를 하고 싶어 하는 우리는 모두 평화로운 프로젝트인 벌집 프로젝트 같은 활동을 지원할 수 있어야 한다. 다시 말씀드리고 싶다. 모든 기여는 중요하다. 아무리 작은 것일지라도.

무리 앞에 서 있는 젊은 암컷이 귀를 쫑긋 세우고 있다.

아도 코끼리 국립공원, 하푸르 물웅덩이에 있는 수컷 코끼리와 세 마리 새끼 코끼리(위); 작은-왼쪽-엄니 코끼리가 새끼와 함께 있는 모습(아래).

제12장

요약:
멸종 위기의 코끼리와 다시 태어난 매머드

현실과 그리 멀지 않은 사고 실험을 해 보자. 유전자 변형으로 다시 살아난 털 코끼리 매머드 떼가 시베리아 북극을 돌아다니고 있다고 상상해 보자. 시베리아 북극은 현재 살아있는 코끼리에게는 적합하지 않은 서식지다. 그런데 그들은 수만 년 전처럼 그곳의 식물과 풀을 먹고, 느릿느릿 걸으며 땅을 다지고, 많은 배설물을 남긴다.

이 사고 실험은 플라이스토세의 서식지를 복원하려는 프로젝트의 일환이다. 이는 시베리아 툰드라와 그에 따른 영구 동토층이 사라지는 것을 방지하기 위해 고안되었다. 영구 동토층에는 수천 년 동안 깊이 얼어붙어 보존된 식물과 동물의 잔해가 있다. 만약 이 유기물과 탄소가 포함된 물질이 지구 온난화로 인해 녹게 된다면, 이는 아마도 멈출 수 없는 과정을 촉발할 것이다.

미생물들은 이 축적된 유기물을 분해하여 CO_2와 메탄을 방출하게 되고, 이는 지구 온난화를 대폭 가속화할 것이다. 이에 따라 토양이 더 빨리 녹아들어 온난화가 더욱 급격하게 진행될 것이다. 이는 극적인 '영구 동토 탄소 피드백'을 초래할 것이다. 게다가 영구 동토는 얼어 있는 상태에서는 물이 통과하지 못하지만, 녹아내리면 그 아래로 물이 스며들 수 있어, 그 지역의 호수와 습지가 말라 버릴 것이다. 이 지역은 그린란드, 알래스카, 러시아, 캐나다, 중국의 광범위한 지역을 포함한다.

예측에 따르면, 이로 인해 토양이 불안정해질 수 있다. 해안이 무너지고, 산사태와 낙석이 증가하여 주민들에게도 위험을 초래할 것이다. 브레머하벤에 있는 알프레드 베게너 연구소Alfred-Wegener-Institut는 세계적으로 극지 및 해양 연구의 선두 주자로, 영구 동토층의 유기물에 최대 1,500기가톤의 탄소가 포함되어 있다고 추정하고 있다. 이는 현재 대기 중 탄소량의 거의 두 배에 해당한다. 이는 온실가스의 방출을 방지하기 위해 가능한 모든 조치를 해야 할 이유가 된다. 그렇다고 해서 우리는 멸종된 종을 다시 살아나게 하는 시도까지 감행해야 할까?

기후 변화에 관한 해결책의 일환으로 부활한 매머드?

털 코끼리 매머드는 현재의 코끼리와는 달리 극한의 추위에 적응해 있었다. 털 코끼리 매머드의 조상들은 약 150만 년 전 북미로 이주했고, 250만 년 전에는 북유라시아로 이주하여 빙하기를 견뎌냈다. 그러나 그들도 이전에는 아프리카에 살았으며, 약 500만 년 전 최초의 매머드가 등장했는데 이들은 현재의 코끼리와 유사하게 더 따뜻한 기후에 적응해 있었다. 이후의 진화 과정에서 그들은 새로운 서식지인 추운 기후에 적응하게 되었다.

2015년 연구자들은 털 코끼리 매머드의 전체 유전자를 해독하는 데 성공했다. 아시아 코끼리와의 비교를 통해 털 코끼리 매머드와 가장 가까운 생물학적 친척인 아시아 코끼리 사이에 약 1,600개의 유전자에서 차이가 있음을 발견했다. 이 중 많은 유전자는 털 성장, 피하 지방 형성, 대사 및 북부 지역의 변화된 빛 조건에 대한 적응과 같은 추운 기후에 대한 신체적 적응을 암호화하고 있었다.

특히 TRPV3 유전자에서 많은 차이가 발견되었다. 척추동물에서 이 유전자는 추위에 대한 내성, 털 성장 및 지방 조직 형성의 특성을 암호화한다. 이 유전자를 쥐에게 비활성화하면 더 긴 털이 자라고 추위를 선호하게 된다. 매머드에게는 이 유전자가 현재 따뜻한 지역에 적응한 현대 코끼리보다 덜 활성화되어 있었다. 따라서 이 유전자의 활성 변화가 매머드의 추위에 대한 다양한 적응의 원인이 되었을 가능성이 있다. 매머드를 구성하는 요소를 밝혀내려는 이러한 연구가 이제 그들의 미래를 결정할 수 있다. 즉, 그들을 다시 살리고자 하는 시도다.

하지만 어떻게 멸종된 동물종을 다시 살려 낼 수 있을까? 이 과정에는 일반적으로 두 가지 방법이 있다. 한 가지는 그 종을 실제로 한때 존재했던 형태로 되살리는 것이고, 다른 하나는 되살리려는 종과 유사한 유전자를 변형시켜 원래 형태와 물리적 및 생태적으로 일치하도록 만드는 것이다. 후자가 연구팀이 시도하고 있는 바로 그것이다: 아시아 코끼리 배아의 관련 유전자를 변형하여 이론적으로 시베리아 스텝에서 살 수 있는 추위에 강한 코끼리를 만드는 것이다. 결과물은 진정한 털 코끼리 매머드가 아니라, 털 코끼리 매머드와 유사한 추위에 강한 아시아 코끼리가 될 것이다. 그가 털 코끼리 매머드와 얼마나 비슷하게 보일지는 유전자 물질의 변형 방식에 따라 달라질 것이다. 마치 공상과학처럼 들리겠지만, 기술적으로 털 코끼리 매머드의 귀환은 실제로 가능할 수도 있다. 하지만 왜 그렇게까지 하고 싶어 할까?

이 프로젝트에 대한 연구자들의 아이디어는 털 코끼리 매머드와 유사한 코끼리들이 그들의 활동을 통해 지구 온난화로 인해 진행되고 있는 툰드라의 덤불화를 막는 것이다. 현대의 코끼리들처럼 털 코끼리 매머드와 유사한 동물들도 식생을 변화시킬 것이다. 이 거대한 동물들은 그들이 사는 생태계에서 중요하며, 어린나무와 관목을 '뜯어 먹음'으로써 초원 지대를 무성하게 만드는 경관 조성자이자 정원사 역할을 한다. 그들의 활동, 예를 들어 눈 아래에서 풀과 뿌리를 찾고 파는 것에 의해 눈 덮개가 얇아지고 서리가 더 깊이까지 땅속으로 침투할 수 있다. 두꺼운 눈이 뒤덮인 층에서는 그 아래의 땅이 더 오랫동안 열을 저장할 수 있어 한층 천천히 얼어붙기 때문이다.

그럼에도 불구하고 이 '부활'을 시도해야 할지에 대한 의문은 여전히 남아 있다. 이는 영구 동토 문제의 잠재적 해결책이 될 수 있지만, 그렇게 지능적이고 감정적이며 사회적인 생명체에 대한 윤리적 우려가 있다. 게다가 우리 지구는 수십 년 동안 따뜻해지고 있다. 추위에 강한 코끼리가 실제로 문제 해결에 얼마나 기여할 수 있을지 의문이다. 또한 코끼리들이 실제로 영구 동토의 해동을 막기에 충분한 효과를 낼 것인지 의심하는 목소리도 있다.

특히 구조화된 무리, 즉 털 코끼리와 유사한 아시아 코끼리의 전체 개체군이 시베리아 툰드라를 돌아다니기까지 걸리는 긴 임신 기간과 긴 유년기를 고려할 때 더욱 그렇다. 이 무리의 사회 구조가 충분히 고려되지 않아 발생할 수 있는 문제는 말할 것도 없다.

　　　　우리 세계는 의심할 여지 없이 많은 도전에 직면해 있으며, 가장 큰 도전은 기후 변화와 생물종 다양성의 상실이다. 이 두 현상은 밀접하게 연결되어 있다. 우리가 이 문제를 함께 해결하기 위한 노력을 대폭 강화해야 한다는 것은 분명하다. 우리의 생태계 상태는 급속히 악화하고 있으며, 이는 동식물의 생존 기반과 인간의 생존 기반을 심각하게 위협하고 있다. 인간이 초래한 기후 변화는 이미 뚜렷하게 느껴지며, 오늘날의 코끼리 생활에도 영향을 미치고 있다. 지구 온난화는 그들을 압박하고 있다. 비정상적으로 긴 가뭄으로 인해 그들도 음식과 물을 찾는 것이 점점 더 어려워지고 있다.

　　　　코끼리들이 종종 세대에 걸쳐 가뭄 중에도 물을 찾아 냈던 곳이었는데 오늘날은 그들 역시 종종 여전히 목이 마른 채로 다시 발길을 돌려야 한다. 약하고 병든 동물들은 그 과정에서 탈락하고, 많은 어린 코끼리들은 물을 찾기 위한 긴 이동을 견디지 못한다. 특히 동아프리카, 예를 들어 차보 국립공원에서는 코끼리들이 점점 더 잦아지는 가뭄으로 인해 모든 자연 수원이 고갈되고 있어 큰 고통을 겪고 있다. 반대 극단은 극심한 가뭄으로 인해 (심하게 건조한) 땅이 갑작스럽게 발생하는 비를 더 이상 흡수하지 못함으로 생기는 홍수다. 따라서 지구 온난화는 본래 매우 강인하고 열에 저항력이 있는 사바나 동물들에게도 점점 더 큰 문제가 되고 있다.

그러나 숲 코끼리와 아시아 코끼리도 고통 받고 있으며, 나무들이 열매를 덜 맺고 인간 활동으로 인해 열대 우림의 면적이 크게 줄어들고 있다. 현재로서는 오늘날 살아있는 코끼리 종들이 기후 위기의 패배자라는 것이 확실하다.

대안 에너지원이 동물의 왕국에 미치는 문제

바로 이 이유로 나는 재생 에너지를 생산하기 위한 모든 창발적인 시도들을 환영한다. 여기에는 풍력 에너지도 포함된다. 하지만 바로 이곳에서 우리는 종종 풍력 발전소 건설로 인해 생태계와 생물 다양성이 영향을 받는 문제를 겪고 있다. 이는 아프리카 코끼리의 연구 집단 중 한 그룹이 살고 있는 아도에서 발생하고 있다. 그곳에는 내가 사랑해 마지않는 코끼리인 치키 찹스와 그녀의 아들 크리스, 그리고 많은 다른 코끼리들이 살고 있다. 그런데 아도 국립공원에서 불과 4킬로미터 떨어진 곳에 대규모 풍력 발전소가 건설될 예정이라고 한다. 인도양 해안과 가까운 이 지역은 풍력 발전에 매우 적합하다. 그러나 국립공원과의 거리 선택이 너무 가까워서 풍력 발전소가 그곳에 사는 동물들에게 큰 영향을 미치지 않을 수가 없다.

아도 국립공원은 동물의 밀도와 종 다양성이 매우 높다. 한편으로는 풍력 터빈의 날개에 의해 죽음을 닿이할 수 있는 새와 박쥐를 생각하고, 다른 한편으로는 풍력 발전소가 20킬로미터 떨어진 곳에서도 측정 가능한 저주파 소음을 발생시킨다는 것을 알아야 할 것이다. 많은 동료들과 나는 이 저주파 소음이 공원 내 코끼리의 청각적 소통과 복지에 부정적인 영향을 미칠 수 있다는 우려를 하고 있다.

풍력 터빈의 저주파 소음은 코끼리의 소통에 지극히 중요한 저주파를 덮어 버린다. 이들의 정보 전달 구조는 저주파 소음에 의해 '가려지게' 되어, 이 주파수 성분이 전혀 인식되지 않거나 민감도가 감소한 상태로 인식될 수밖에 없을 것이다. 이것이 코끼리들의 사회생활, 무리의 조정 및 짝짓기에 어떤 영향을 미칠지는 아직 알 수 없다. 하지만 나는 이것이 위험하다고 생각하며, 코끼리들의 소통과 행동에 영향을 미칠 가능성이 높다고 본다. 이 집단의 경우 이탈하는 것도 불가능하며, 동물들은 국립공원 내에서만 위치를 변경할 수 있다. 그들이 실제로 저주파 소음을 인식하기 때문에 지속적인 소음 공해가 그들의 복지와 건강에 영향을 미치는 것은 당연하다 할 것이다.

이에 따라 우리는 본래 기후 친화적인 프로젝트가 오히려 생물 다양성의 핵심적인 지역에 부정적인 영향을 미칠 수 있는 전형적인 사례를 보게 된다. 해결책은 간단하다. 국립공원과 발전소를 멀리 떼어 놓기만 하면 된다. 따라서 우리는 항상 기후와 생물 다양성이라는 두 가지 목표를 염두에 두고 조처를 하는 것이 중요하다. 풍력 발전소나 수력 발전소의 건설은 신중하게 고려되어야 하며, 몇십 년 후에도 입지 선택에 후회가 없어야 할 것이다.

코끼리는 적극적인 기후 보호자다.

오늘날 살아 있는 코끼리가 우리 기후에 미치는 의미로 돌아가 보자. 그들은 울창한 열대 우림을 이동하면서 나무를 밟고, 풀을 뜯으며, 뿌리를 파고, 껍질을 긁어낸다. 믿거나 말거나, 아프리카 숲 코끼리의 활동은 숲이 더 많은 CO_2를 저장할 수 있도록 기여한다. 왜냐하면 이 동물들은 주로 큰 나무에 맞서 자원과 빛을 경쟁하는 작은 관목들을 밟고 넘어뜨리기 때문이다. 코끼리의 영향으로 더 많은 목재의 밀도를 가진 큰 나무들이 더 잘 자랄 수 있다. 또한 코끼리는 이러한 나무의 씨앗을 배설물로 자연스럽게 퍼뜨리는데, 이 나무들은 크고 영양가 있는 열매를 맺기 때문이다. WWFDer World Wide Fund for Nature 독일은 한 마리의 숲 코끼리가 생애 동안 열대 우림의 탄소 저장 능력을 제곱킬로미터당 9,500톤 증가시킨다고 계산했다. 따라서 우리는 이 동물들을 보호하는 것이 바람직하다.

   기후 온난화와 그에 따른 서식지 변화로 인해 모든 코끼리 종은 점점 더 새로운 지역으로 이동해야 하며, 그곳에서 사람들과 정기적으로 접촉하고 갈등을 겪게 된다. 특히 그곳에는 맛있는 과일과 같은 영양가 있는 먹이가 있기 때문이다. 따라서 현재로서는 코끼리들이 지구 온난화의 결과로 발생하는 극적인 생활 조건과 서식지 변화를 얼마나 오랫동안 보완할 수 있을지 말할 수 없다.

   그들에게 기회를 주기 위해서는 무엇보다도 한 가지가 필요하다: 음식과 물을 찾기 위한 이동을 위한 충분한 서식지다. 이는 한편으로는 광범위한 자연 공간과 다른 한편으로는 그러한 보호구역 간의 이주 가능성을 의미한다. 이를 위해 안전한 통로를 만들어야 하며, 그래야만 우리는 사람과 먹이를 찾는 코끼리 사이의 갈등이 증가하는 것을 방지할 수 있다. 이 동물들에게는 사람의 정착지를 가로지르지 않고 이주할 기회가 필요하다. 또 다른 장점은 이주를 통해 같은 종의 다양한 코끼리 개체군이 다시 섞일 수 있어 유전적 변이 또는 다양성이 증가할 수 있다는 것이다. 이러한 유전 물질의 교환은 그들이 기후 위기의 영향을 견딜 수 있는 더 강한 저항력을 가질 수 있게 하거나 더 잘 적응할 수 있게 할 수 있다.

내 생각에는 국경을 초월한 보호구역을 만들고 이를 통로로 연결하는 것이 가능해야 한다. 특히 점점 더 많은 연구가 코끼리와 같은 '메가초식동물Megaherbivoren'이 생물 다양성과 탄소가 풍부한 서식지를 유지하는 데 얼마나 중요한지를 명확히 입증하고 있기 때문이다. 따라서 오늘날 살아 있는 코끼리 종의 보호는 전 세계적인 지구 온난화와의 싸움에도 기여할 것이다. 코끼리를 보호함으로써 우리는 수많은 다른 동물과 식물종의 서식지도 보호하게 된다. 매일 약 50종의 생물이 지구에서 멸종하고 있으며, 우리의 초점은 이 생물 다양성의 감소를 명확히 늦추는 데 있어야 한다. 과학이 항상 나름의 정당성을 가지고 있기는 하겠지만, 우리는 오늘날 특정 연구 접근 방식이 미래에 어떤 통찰력과 새로운 가능성을 포함할 수 있는지 아직 잘 알지는 못한다. 그럼에도 다음과 같은 질문을 던지고 싶다. 혹시 털 코끼리 매머드와 유사한 아시아 코끼리를 개발하는 데 수십 억 유로를 사용하는 것보다 그 돈을 오늘날 살아 있는 종들을 보호하는 데 투자하는 것이 더 나은 선택이 아닐까?

코끼리가 기후에 미치는 중요성 외에도, 우리는 이들이 이 행성에서 우리와 같은 동반자로서 우리에게 어떤 의미를 가지는지에 대해서도 생각해 보아야 한다. 코끼리는 역사적으로 예술과 어린이책에 빈번하게 등장하며, 장식물과 행운의 상징으로 자리 잡고 있다. 그들은 우리에게 사고의 상징, 문장에 새겨지는 동물, 마스코트이자 가장 돋보이는 동물종 중 하나다. 그들이 멸종한다면, 그들의 세대를 넘어 전해진 경험, 복잡한 사회적 지능, 그들의 지혜에 대한 수수께끼도 함께 미궁으로 사라져 버리지 않을까? 그들의 느리고 위엄 있는 걸음, 어린 코끼리를 부드럽게 쓰다듬는 모습, 장난기 가득한 물놀이, 깊고 둔중한 웅웅거리는 소리, 가족과 친구를 만났을 때 지르는 기쁨의 커다란 트럼펫 소리가 없다면 우리의 세계는 얼마나 더 빈약해질까?

코끼리는 그들의 크기, 지능, 그리고 사회적 요구 때문에 인간의 보호 아래에서 기르기 어려운 동물이다. 동시에 그들의 원래 서식지에서 멸종 위기에 처해 있으며, 이 서식지들은 대부분 '단지' 보호구역에 불과하다. 우리는 이제 코끼리가 없는 세상을 원하는가 하고 질문해야 할 시점에 이르렀다. 그런 세상이 과연 우리 인간에게 여전히 살 만한 가치가 있을까? 이러한 질문에 대한 우리의 답변이 코끼리의 생존을 위한 방향을 결정하게 될 것이다.

무리와 함께 있는 치키 찹스 Cheeky Chops

감사의 말

우선, 생물학자가 되는 길에서 항상 나를 지원해 준 부모님께 감사드린다. 내 가족, 특히 세린, 노아, 그리고 이 아이들의 아버지 시몬에게 큰 감사를 드린다. 그들은 나의 연구 여행에 자주 동행해 주었고, 그 여행을 잊지 못할 경험으로 만들어 주었다. 언제나 나의 걱정과 문제에 귀 기울여 주고, 해결책을 찾도록 도와주거나 그저 곁에 있어 준 것만으로도 힘이 되어 준 여동생 수잔에게도 깊이 감사드린다. 또한 이 책을 집필하는 데 모든 면에서 지원해 준 친구 토니에게 특별한 감사를 전한다. 그의 솔직하고 건설적인 비판이 큰 도움이 되었다.

오랜 친구이자 동료인 안톤 바오틱에게도 감사의 말을 전하고 싶다. 여행하고, 웃고, 좌절하고, 과학적으로 대화할 수 있는 좋은 동료가 있다는 것은 보기 드문 행운이다. 구나르 하일만과 마티아스 제펠자우어에게도 오랜 협력에 감사드린다. 이 모든 세월 동안 그들을 친구로 알게 되어 기쁘다.

당연하게도 내 연구 그룹의 과학적 성공에 크게 기여한 모든 학생에게도 감사드리고자 한다. 특히, 동료인 토마스 부그니야르와 W. 테쿰세이 피치에게 그들이 우리 학과에서 나를 지원하고 격려해 준 것에 대해 깊이 감사드린다.

또한 국내외의 모든 동료 및 파트너들이 건네준 협력과 중요한 과학적 교류에 대해 감사의 말씀을 전한다.

이 책을 전 세계의 코끼리 보호와 복지를 위해 헌신하는 모든 이들에게 바친다.

앙겔라 스퇴거

참고 문헌

- Baotic et al. 2018. Field propagation experiments of male African savannah elephant rumbles: A focus of the transmission of formant frequencies. Animals, 8, 167. DOI: 10.339/ani8100167.

- Bates et al. 2008. Do elephants show empathy? Journal of Consciousness Studies, 15, 204–225.

- Bates et al. 2010. Why Do African Elephants (Loxodonta africana) Simulate Oestrus? An Analysis of Longitudinal Data. PLoS ONE, 5, 4, DOI: 10.1371/journal.pone.0010052.

- Beeck et al. 2021. How to squeak at the peak: a novel theory of sound production in Asian elephants. BMC Biology, 19, 21, DOI: doi.org/10.1186/s12915-021-01026-z.

- Beeck et al. 2022. Sound visualization demonstrates velopharyngeal coupling and complex spectral variability in Asian elephants. Animals, 12n 2119. DOI: doi.org/10.3390/ani12162119.

- Berzaghi et. al. 2023. Megaherbivores modify forest structure and increase carbon stocks through multiple pathways. PNAS. DOI: https://www.pnas.org/doi/10.1073/pnas.2201832120.

- Bradshaw et al. 2005. Elephant breakdown. Nature 433, 807. DOI: https://doi.org/10.1038/433807a.

- Callaway et al. 2015. How elephants avoid cancer. Nature, DOI: https://doi.org/10.1038/nature.2015.18534.

- Carlstead et al. 2019. Good keeper-elephant relationships in North American zoos are mutually beneficial to welfare. Applied Animal Behaviour Science, 211, 103–111, DOI: https://doi.org/10.1016/j.applanim.2018.11.003.

- Deepak et al. 2008. Soft robotics: Biological inspiration, state of the art, and future research. Applied Bionics and Biomechanics, 5, 99–117, DOI:10.1080/1176230802557865.

- Dominiquez-Olivia et. al. 2022. Anatomical, physiological, and behavioral mechanisms of thermoregulation in elephants. Journal of Animal Behaviour and Biometeorology, 10, 4, DOI:10.31893/jabb.22033.

- Dunkin et al. 2012. Climate influences thermal balance and water use in African and Asian elephants: physiology can predict drivers of elephant

- distribution. Journal of Experimental Biology, 216, 216, 2939-2952, DOI: https://doi.org/10.1242/jeb.080218.

- Garstang 2015. Elephant Sense and Sensibility. Academic Press. Amsterdam (The Netherlands) and Boston (Massachusetts). ISBN: 978-0-12-802217-7. 2015. Goldenberg & Wittemyer 2020. Elephant behavior toward the dead: A review and insights from field observations. Primates, 61, 119-128. DOI: https://doi.org/10.1007/s10329-019-00766-5.

- Hart et al. 1994. The Asian elephants-driver partnership: The drivers' perspective. Applied Animal Behaviour Science, 40, 297-312. DOI: https://doi.org/10.1016/0168-1591(94)90070-1.

- Hedges 2001. Afrotheria: Plate tectonics meets genomics. PNAS. 98, 1-2, DOI: https://doi.org/10.1073/pnas.98.1.

- Herculano-Houzel et al. 2014. The elephant brain in numbers. Frontiers in Neuroanatomy 12.8.46. DOI: 10.3389/fnana.2014.00046.

- Harrison 1847. On the Anatomy of the „Lacrimal Apparatus" in the Elephant. Proceedings of the Royal Irish Academy (1836-1869), 4, 158-65. DOI: http://www.jstor.org/stable/20520257.

- Jackson et al. 2019. Long-term trends in wild-capture and population dynamics point to an uncertain future for captive elephants. Proceedings of the Royal Society B: Biological Sciences 286:20182810. DOI: http://dx.doi.org/10.1098/rspb.2018.2810.

- Jacobs et al. 2011. Neuronal morphology in the African elephant (Loxodonta africana) neocortex. Brain Structure and Function, 215, 273-298. DOI: https://doi.org/10.1007/s00429-010-0288-3.

- Jeheskel & Tassy 2016. Advances in proboscidean taxonomy & classification, anatomy & physiology, and ecology & behavior, Quaternary International, 126-128, 5-20, https://doi.org/10.1016/j.quaint.2004.04.011.

- Johnson 1980. Problems in the Land Vertebrate Zoogeography of Certain Islands and the Swimming Powers of Elephants. Journal of Biogeography, 7, 383-398. DOI: https://doi.org/10.2307/2844657.

- King et al. 2010. Bee threat elicits alarm call in African elephants. PloS ONE 5: e10346. dOI:10.1371/ journal.pone.0010346.

- King et al. 2017. Beehive fences as a multidimensional conflict-mitigation tool for farmers coexisting with elephants. Conservation Biology, 31, 743-752. DOI: https://doi.org/10.1111/cobi.12898.

- Langbauer 2000. Elephant communication. Zoobiology, 19,425-445, DOI: https://doi.org/10.1002/1098-2361(2000)19:5<425::AID-ZOO11>3.0.CO;2-A.

- Liu et a. 2008. Stable isotope evidence for an amphibious phase in early proboscidean evolution. PNAS 105, 5786-5791, DOI: https://doi.org/10.1073/pnas.0800884105.

- Lüders et al. 2012. Gestating for 22 months: luteal development and pregnancy maintenance in elephants. Proceedings of the Royal Society B: Biological Sciences, 1–10, DOI: 10.1098/rspb.2012.1038.

- Maisels et al. 2013. Devastating decline of forest elephants in Central Africa. Plos ONE, DOI: https://doi.org/10.1371/journal.pone.0059469.

- Martins et al. 2018. Locally-curved geometry generates bending cracks in the African elephant skin. Nature Communications, 9, 3865. DOI: https://doi.org/10.1038/s41467-018-06257-3.

- McComb et al. 2014. Elephants can determine ethnicity, gender, and age form acoustic cues in human voices. PNAS, 111, 5433–5438. DOI: https://doi.org/10.1073/pnas.1321543111.

- Moss et al. 2011. The Amboseli elephants: a long-term perspective on a long-lived mammal. Chicago: The University of Chicago.

- O'Connell-Rodwell 2007. Keeping an „Ear" to the ground: Seismic Communication in elephants. Physiology, 22, 287–294. DOI: https://doi.org/10.1152/physiol.00008.2007.

- O'Connell-Rodwell et al. 2000. Living with the modern conservation paradigm: can agricultural communities co-exist with elephants? A five-year case study in East Caprivi, Namibia. Biological conservation 93:381–391.

- Pardo et al. 2019. Differences in combinatorial calls among the three elephant species cannot be explained by phylogeny. Behavioral Ecology, 30, 809–820. Doi: https://doi.org/10.1093/beheco/arz018.

- Plotnik & Jacobson 2022. A „thinking animal" in conflict: studying wild elephant cognition in the shadow of anthropogenic change. Current Opinions in Behavioral Science, 46, 101148. DOI: https://doi.org/10.1016/j.cobeha.2022.101148.

- Plotnik et al. 2011. Elephants know when they need a helping trunk in a cooperative task. Proceedings of the National Academy of Sciences, 108, 5116–5121. DOI: 10.1073/pnas.1101765108.

- Plotnik et al. 2010. Self-recognition in the Asian elephant and future directions for cognitive research with elephants in zoological settings. Zoo Biology, 29, 179–191. doi: 10.1002/zoo.20257.

- Polansky et al. 2015. Elucidating the significance of spatial memory on movement decisions by African savannah elephants using state-space models. Proceedings of the Royal Society B: Biological Sciences, 282, 1805, DOI: https://doi.org/10.1098/rspb.2014.3042.

- Poole et al. 2005. Elephants capable of vocal learning. Nature. 434, 355–356. DOI: https://doi.org/10.1038/434455a.

- Poole 1987. Rutting behavior in African elephants: the phenomenon of musth. Behaviour, 102, 283–316, DOI: https://doi.org/10.1163/156853986X00171.

- Rasmussen et al. 1998. Chemical signals in the reproduction of Asian (Elephas maximus) and African (Loxodonta africana) elephants. Animal reproduction science, 53, 19–34. DOI: https://doi.org/10.1016/S0378-4320(98)00124-9.

- Rasmussen & Munger 1996. The sensorineural specializations of the trunk tip (finger) of the Asian elephant, Elephas maximus. The Anatomical Record. 246, 127–134. DOI: 10.1002/(SICI)1097-0185(199609)246:1 〈127::AID-AR14〉3.0.CO;2-R. PMID: 8876831.

- Shane et al. 2021. Ivory poaching and the rapid evolution of tusklessness in African elephants. Science, 374,483–487, DOI:10.1126/science.abe7389.

- Slotow et al. 2000. Older bull elephants control young males. Nature, 408, 425–426, DOI: https://doi.org/10.1038/35044191.

- Shoshani 2000. Elephants: Majestic Creatures of the Wild; Rodale Press: Emmaus, PA, USA.

- Shoshani & Tassy 2005. Advances in proboscidean taxonomy (classification, anatomy & physiology, and ecology & behavior. Quaternary International, 126–128, 5–20. DOI: https://doi.org/10.1016/j.quaint.2004.04.011.

- Sikes 1971. The natural history of the African elephant. London: Weidenfeld and Nicolson.

- Stoeger-Horwath et al. 2007. Call repertoire of infant African elephants: First insights into the early vocal ontogeny. Journal of the Acoustic Society of America. 121, 3922–3931. DOI: 10.1121/1.2722216.

- Stoeger & Baotic 2021. Operant and call usage learning in elephants. Philosophical Transactions B. Special Issue „Unifying vocal learning" ed. Sonja Vernes, Tecumseh Fitch and Peter Tyack. 376, 20200254. DOI: https://doi.org/10.1098/rstb.2020.0254.

- Stoeger et al. 2021. Vocal creativity in elephant sound production. Biology. 10, 750. DOI: https://doi.org/10.3390/biology10080750.

- Stoeger et al. 2012. An Asian elephant imitates human speech. Current Biology. 22, 1–5. DOI: https://doi.org/10.1016/j.cub.2012.09.022.

- Stoeger & Baotic. 2017. Male African elephants discriminate and prefer vocalizations of unfamiliar females. Scientific Reports. 7:46414. DOI:10.1038/srep46414.

- Stoeger 2021. Elephant sonic and infrasonic sound production, perception and processing. In: Neuroendocrine Regulation of Animal Vocalization (ed. Rosenfeld CS & Hoffmann F), Elsevier, ISBN-13: 978-0128151600.

- Stoeger & de Silva. 2014. Vocal communication in African and Asian elephants: a cross-species comparison. In: Biocommunication of Animals (ed. Witzany G.),

- Springer SBM NL, pp 21–39. DOI: 10.1007/978-94-007-7414-8_3. The Elephant Ethogram. https://www.elephantvoices.org/studies-a-projects/ theelephant-ethogram.html. The mammoth, earth's old friend and new hero. https://colossal.com/mammoth/.

- Vereshchagin & Baryshnikov 1991. The ecological structure of the „Mammoth Fauna" in Eurasia. Annales Zoologici Fennici, 28, 253–259. DOI: http://www.jstor.org/stable/23735450.

- Viljoen et al. 2014. Vocal stress associated with a translocation of a family herd of African elephants. In the Kruger National Park, South Africa. Bioacoustics. DOI:10.1080/09524622.2014.906320.

- Wanger et al. 2017. Trophy hunting certification. Nature Ecology and Evolution. DOI: https://doi.org/10.1038/s41559-017-0387-0.

- Whyte, 1998. Managing the elephants of Kruger National Park. Animal Conservation Forum, 1, 77–83. DOI: 10.1111/j.1469-1795.1998.tb00014.x.

- Whitehouse et al. 2008. A field guide to the Addo elephants. 2nd ed. Duplin: Print Grahamstown.

- Yoshihito et al. 2014. Extreme expansion of the olfactory receptor gene repertoire in African elephants and evolutionary dynamics of orthologous gene groups in 13 placental mammals. Genome Research, 24, 1485–1496, DOI:10.1101/gr.169532.113.

사진 출처

- Angela Stöger: S. 9 (2), 10, 15, 22 (2), 25 (2), 32-33, 43, 49, 61, 71, 77, 89, 93, 100 (2), 111, 120, 121, 128, 129, 137, 139, 151, 172-173, 187 (2), 198-199
- Simon Stöger: S. 15, 29 (2), 86 (2), 117
- Miguel Alcântara / Unsplash: Vor- und Nachsatz Michael – stock.adobe. com :Coverfoto
- Mike Bannert / Wikimedia Commons (CC BY 3.0): S. 56
- Henry de Lange / Wikimedia Commons (CC BY 4.0): S. 58
- DFoidl / Wikimedia Commons (CC BY 3.0): S. 53
- Dominique Görlitz / Wikimedia Commons (CC0 1.0): S. 53
- Adrita Ghosh 94 / Wikimedia Commons (CC BY 4.0): S. 65
- Pierre Lemos / Unsplash: S. 186
- Joey Makalintal / Wikimedia Commons (CC BY 2.0): S. 57
- Membeth / Wikimedia Commons (CC0 1.0): S. 55
- Milinkovitch-Tzika lab: S. 40 (3). Wir danken dem Laboratory of Artificial & Natural
- Evolution – LANE (https://www.lanevol.org) für d e Zurverfügungstellung der Bilder.
- Galen B. Rathbun / Wikimedia Commons (CC BY 3.0): S. 58

음향 및 동영상 출처

- S. 95: Wir danken Vesta Eleuteri für die Zurverfügungstellung des Videos.
- S. 179: Wir danken Riccardo Soriano für die Zurverfügungstellung des Videos.
- Alle weiteren Videos und Tonaufnahmen, die per QR-Codes in diesem Buch zu sehen und zu hören sind, stammen von Angela Stöger.

뒤란에서 과학 읽기 01

알면
사랑할 수밖에 없는
코끼리의 모든 것

초판 1쇄 발행 2025년 9월 1일
글쓴이 앙겔라 스퇴거 | 옮긴이 김동언

펴낸이 김두엄 | 펴낸곳 뒤란
책임편집 김윤희 | 외주디자인 noell | 인쇄 아트인

등록 제2019-000092호(2019년 7월 19일)
주소 07208 서울시 영등포구 선유로49길 23 아이에스비즈타워 2차 1503호
전화 02-3667-1618
블로그 sangsanghim.tistory.com | 전자우편 ssh_publ@naver.com
인스타그램 @duiran_book

ISBN 979-11-94259-02-2 93490

* 뒤란은 상상의힘 출판사의 문학·예술·인문 전문 브랜드입니다.
* 이 책 내용의 일부 또는 전부를 재사용하려면 반드시 뒤란의 서면 동의를 받아야 합니다.
* 잘못 만들어진 책은 구입한 곳에서 바꾸어 드립니다.
* 책값은 뒤표지에 표시되어 있습니다.

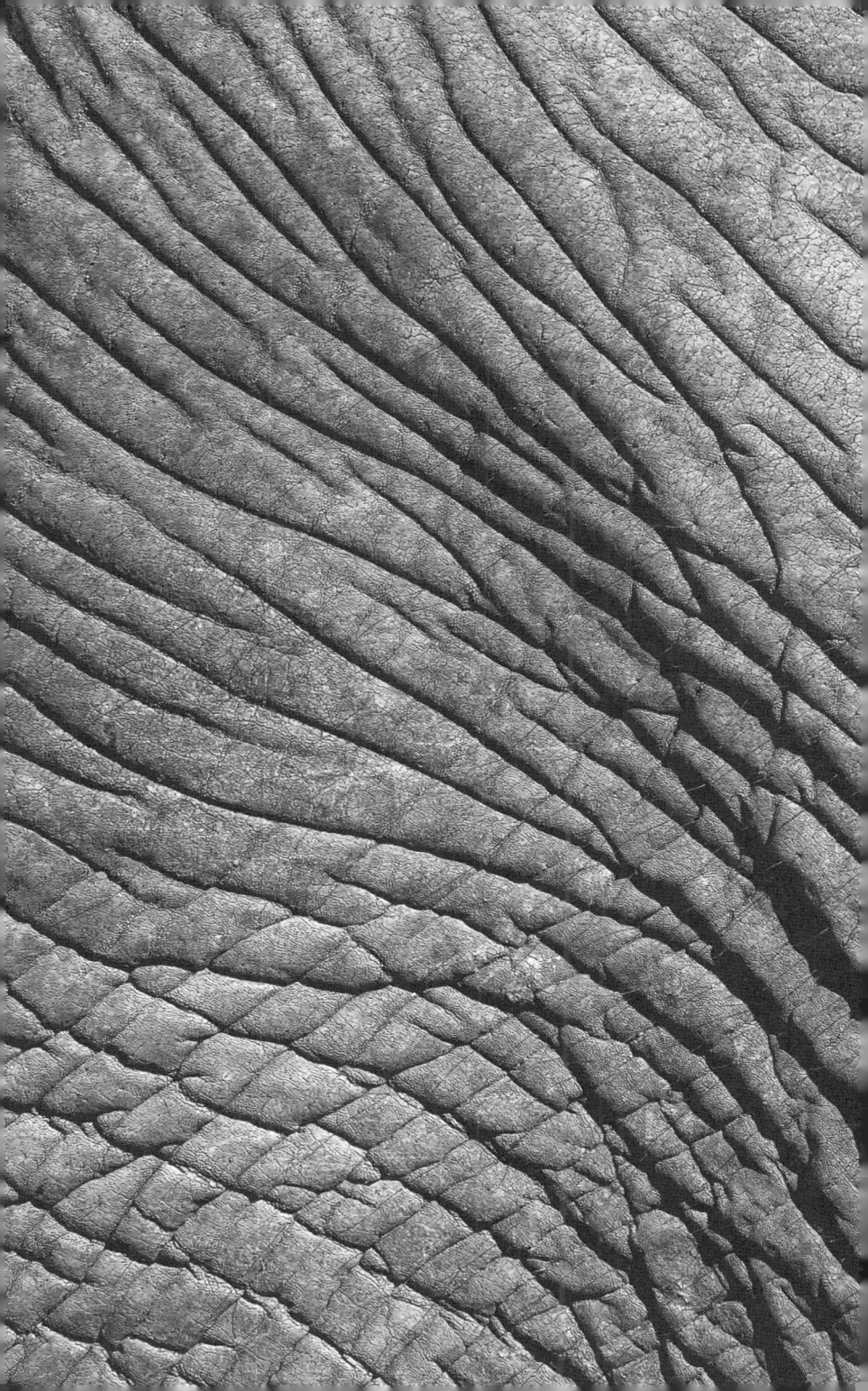

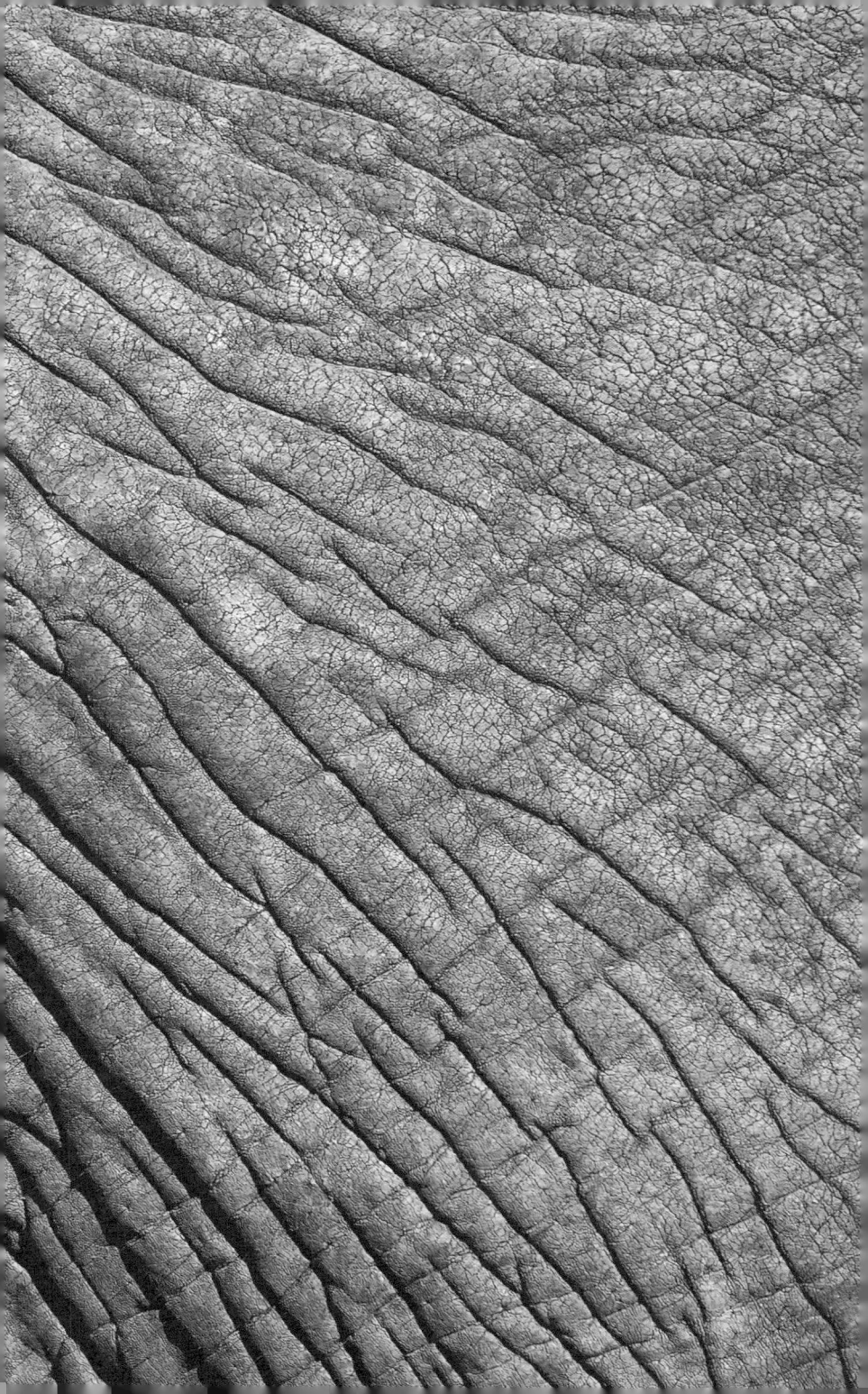